I型優勢

安靜打動人心！
發揮非典型銷售天才，史上最佳內向者職場攻略

馬修．波勒 MATTHEW POLLARD——著
龐元媛——譯

THE INTROVERT'S EDGE
HOW THE QUIET AND SHY CAN OUTSELL ANYONE

目錄

各界好評　7
推薦序　推銷的兩難　23
前言　內向者的自白　29
第一章　內向者為何不擅長推銷　33
無論社交或談生意，外向的人似乎天生有利。
推銷究竟為何難以啟齒？就從性格與迷思說起。
第二章　爭取信任，備妥議程　67
內向者優勢第1步——
開始對話前，建立信任、釐清流程。

第三章 深入金礦，開採問題
內向者優勢第2步——
不過多解釋內容，善用問題釐清需求。 99

第四章 問清資格，找對的人
內向者優勢第3步——
提前篩選資格，讓力氣用對地方。 121

第五章 利用故事，表達價值
內向者優勢第4步——
放下規格、數字與功能，用故事觸動情感。 135

第六章 繞過反對，放下爭論
內向者優勢第5步——
別強迫自己用力說服，巧妙規避、接住問題。 151

第七章 試探詢問，測測水溫 163
內向者優勢第6步——
談判不必明說，靠試探輕鬆確認意願。

第八章 假定成交，保持運作 171
內向者優勢第7步——
態度自然，讓成交不再是壓迫的結果。

第九章 精進流程的方法 189
流程並非死板不變，而是持續修正的軌跡。
專注調整目標，讓劇本成為流動的對話。

第十章 內向者的現實優勢 197
想活出自己的光芒，無須假裝成別人，
在商業世界中，內向者究竟如何自在生存？

第十一章　登峰造極：掌握銷售的精髓　221
看待自己與客戶的方式，決定了你的位置。
放下銷售的成見，才能讓成果被需要的人看見。

致謝　243

參考資料與推薦書單　245

I型人優勢天地：你的專屬邀請函　249

各界好評

「討厭推銷，或自認為就是不擅長推銷的內向者，看了這本書就能翻轉人生。你做得到！」

——尼爾．派泰爾，《紐約時報》暢銷書《闖世代》作者，Crazy Egg & Hello Bar 共同創辦人

「想當個成功的業務，該知道的基本方法都在這本書裡！你若覺得內向性格是成功路上的阻礙，那就別再煩惱。馬修．波勒會告訴你，為什麼內向者才擅長推銷！每一個希望業績能一飛沖天（或是在外向者稱霸的領域能成功）的內向者，都該看看馬修．波勒的這本書！」

——馬歇爾．葛史密斯，國際暢銷書《UP學》作者

「馬修為那些不願意踏入推銷界的人，寫了一本終極指南。他憑藉直覺、勇氣、友善、正直贏得業績。但最棒的是他把成功方程式寫下來，讓你也能做到。這本書不只是教你推銷，還能帶給你知識與啟發。」

——傑佛瑞・基特瑪，經驗超過四十年的銷售天王

「如果你喜歡找藉口……那就別看這本書。我以前以為我不會推銷，因為『我個性內向』。看了這本書才知道，我找的藉口原來是一種優勢。」

——萊恩・戴斯，DigitalMarketer.com 執行長

「內向者具有成為超級業務員的條件！在這本讓你欲罷不能的好書中，馬修・波勒會證明這一點，還會告訴你別的。他分享實用的案例，介紹明確的推銷系統，告訴內向者要如何加強傾聽與準備的能力，不僅拿下業績，還能影響他人。」

——珍妮芙・凱威樂博士，國際認證專業講師、暢銷書《幹掉獅群的小綿羊》、《用安靜改變世界》作者

「我自己骨子裡也是個內向者，所以我知道一個可靠有彈性，能讓我們發揮最大長處的系統有多重要。馬修·波勒設計的流程，能讓我們發揮創造力、同理心，以及分析思考的能力，開展人際關係，才能打造客戶需要的解決方案。」

——伊凡·米斯納博士，國際商業網路（BNI）創辦人、《紐約時報》暢銷書作家

「我向來主張要主導推銷的過程，同時也要將客戶的需求放在第一位。馬修·波勒的系統正是如此，也遠遠不只如此。聰穎、自然、讓人耳目一新。」

——馬修·迪克森，HubSpot 評選史上評價最高的推銷主題書籍冠軍與亞軍作者

「推銷即將轉型。這本書將推銷從一個令人不自在、很容易失敗、讓人壓力山大的惡夢，變成一場流暢、討喜的對話。」

——馬克·羅貝哲，哈佛大學商學院高級講師、HubSpot 前風險長、暢銷書作家

「內向者可以點燃這個世界，馬修・波勒在這本書就要告訴你怎麼做。內向者，該點火啦！」

——約翰・李・杜馬斯，Entrepreneurs On Fire（曾被《創業家》雜誌評選為最適合企業家五大播客）創辦人兼主持人

「身為外向者的我，看了馬修的這本書，才知道我在推銷員生涯中幾個最大的競爭對手，為何都是文靜的內向者。」

——艾瑞克・戴，戴爾科技北美小型企業部門副總裁兼總經理

「終於等到了！那些寧願去死，也不願意『招攬生意』的人……也就是大多數的人，總算有一本推銷寶典可以參考。我的收入多半來自在台上演講，當個外向者，但到了該推銷的時候，我半點力氣都不剩。我需要一個即使沒有天生的魅力或是閒聊能力，也能派上用場的推銷系統。這本書裡面就有。」

——保羅・史密斯，暢銷書作家

「大家都知道內向者不擅長推銷。其實才沒有！這本簡單易懂的書，要告訴你成功推銷的全套步驟。書中有許多故事，傳授的遠不只是一般的推銷訣竅。這本書也會告訴你內向者該如何推銷。善用此書，很快就能看到成效。」

——約翰．莫利多博士，美國國家演講協會會長、密西根州立大學精神病學教授

「無論是文靜還是不怎麼文靜的人，都適合看這本書。馬修．波勒不僅證明真正影響推銷力的是推銷的流程，而非推銷員的個性，也點出怎樣的工作環境才適合各種類型的人。」

——艾德．弗勞恩海姆，卓越職場研究機構研究與內容主管

「這本談推銷的書是推銷大師馬修．波勒的著作，絕對值得一看。內向者無論是想推銷構想還是產品，都該看看這本書，仿效馬修簡單又實用的流程。」

——德瑞克．李多，普林斯頓大學企業經營教授

「我們越了解內向性格，就越能發揮內向性格的優勢。指導內向者的書籍不少，這本書是最新的佳作。書裡有具體、明確的計畫，內向者只要照做，就能打破『內向者永遠不會推銷』的迷思。」

——蘇菲亞・丹布林，心理學專欄作家

「關於怎樣才能增強推銷力，有一些存在已久的迷思，馬修・波勒一一推翻。我特別喜歡他將真實故事編織成實用的訣竅，無論是資深還是新手業務，都能立刻派上用場！任何以業務這份工作為榮的人，都一定要看這本書！」

——鮑伯・柏金斯，美國內部銷售專業人士協會創辦人兼會長

「馬修・波勒能籠絡人心，所以能拿到業績。這本書不僅破除了『一定要大聲、外向，業績才會好』的迷思，也是一盞明燈，指引我們該如何贏得買家的信任，打好關係。我、超、愛、的。誠摯推薦給每一位業務員，不是只有內向者才適合看喔！」

——麥克・溫伯格，AMACOM暢銷書作家

「我們公司（當時）才成立不久，馬修應邀擔任推銷策略講師，傳授他的『講故事就好』推銷法，讓我們的業績暴增數十萬美元。他把我們公司業績最差、個性內向的推銷員，改造成單季業績最高的『業績王』。他把七週課程的內容，濃縮成這本有趣的好書。看完你就知道，內向者也可以是推銷高手，同時吸收馬修證實有效的推銷策略。我覺得無論是內向者還是外向者，想增強推銷能力，都該看看這本書。」

——沃爾尼．坎貝爾，高力國際奧斯汀分公司董事長兼負責人

「免責聲明：我剛開始看馬修這本書時，是帶著懷疑的眼光。（內向者最會推銷？拜託咧！）但才看到第六頁，我就很感興趣，看到第十六頁，我已深深著迷，看到第三十頁，波勒先生已經得到了另一位信徒與瘋狂粉絲。這本書沒有空泛的指導，不是啦啦隊式的加油打氣，也不是只講一些有趣的構想。書裡講的是紮實的功夫。馬修的方法是成功方程式：不只是推銷的成功方程式，也是人生的成功方程式，就是這樣。」

——約翰．大衛．曼恩，暢銷經典《給予的力量》共同作者

「成功的企業執行長，其實也是形形色色，尤其有些性格內向，有些則性格外向。這本書不僅證明內向者也可以是推銷高手，還會教你一套能讓你業績興隆的推銷步驟。」

——傑森・科恩，WP Engine創辦人兼技術長

「這是我看過談推銷的書中最好的一本。馬修要告訴你，推銷並不是蠻橫強求，而應該是一場表演……就像一場戲。這本書對我們內向者非常實用，覺得自己需要學推銷，但欠缺推銷天賦的人，也不能錯過。」

——布萊恩・史密斯，UGG雪靴創辦人

「馬修不只言教，還有身教，說出我們的痛點，分享值得學習的成功故事，讓我們相信『內向者也可以是推銷高手』。他的框架重視推銷的流程，而不是推銷員的個性，我這個個性內向的企業主很認同。我特別欣賞他將自己證實有效的方法細細解說給讀者看。無論是精選某些部分，還是整套沿用，往後推銷都會更自在，更順利！」

——貝絲・布洛，專業認證教練、作家及播客主持人

「這本好書告訴你，如何以有溫度、有自信且真誠的方式推銷，重點是要替客戶做出最好的決策，不要給客戶壓力，就能奠定長遠關係的基礎。」

——布萊恩・崔西，勵志演說家

「能有人從不同的角度看待推銷，真是太好了！馬修・波勒在這本書中，從全新觀點探討推銷與真誠的推銷。他將確實有效的策略，發展成了一個能創造穩定業績的系統。太神奇啦！」

——湯姆・霍普金斯，世界第一銷售訓練大師

「覺得自己『個性內向』所以不適合推銷的人，都該看看這本書。很多內向者以為，自己天生的個性就是不擅長推銷，也找藉口不去練就重要的推銷技巧。這些問題已經存在太久了。這本書拿出大量的證據，告訴你並非如此。推銷其實就跟任何事情一樣，是個可以學習、精進的流程。內向者也具備能創造一流業績的獨特優勢。」

——喬丹・哈賓格，The Art of Charm 播客（《富比士》評鑑全球五十個最佳人際關係經營媒體之一）共同創辦人兼主持人

「馬修以簡單易懂的建議，還有眾多令人印象深刻的故事，讓你知道誰都可以是推銷專家，即使是害羞的內向者也一樣。打開這本書，就會知道如何打造一個理想的推銷系統，能為你的企業創造業績，能與你一起精進，最重要的是真正屬於你。」

——東尼．弗拉霍斯，ExecuNet 行銷長

「我的職業演說與寫作生涯超過四十年，名列推銷與行銷名人堂，但我仍然要向馬修．波勒這位年輕的良師請益，才知道該如何繼續創造佳績。這位高人發現了打破窠臼的方法，能解決企業界常見的問題。在這本書中，可以看見你既熟悉又能仿效的真實案例。現在就看這本書……明天就更容易成功。」

——吉姆．卡斯卡特，Cathcart.com 創辦人

「這麼多年來，探討推銷的書籍談的都是強勢的推銷手段。馬修則是提出一套簡單、輕鬆的步驟，適合不喜歡推銷……卻又必須推銷才能經營下去的人。」

——茱莉．費德勒，澳洲與紐西蘭保柏保險公司總經理

「馬修開門見山告訴我們，個性內向不但不是藉口，還是一種優勢！身為內向者，應該開心才對！這本書會告訴你一個清楚、實用又確實有效的系統，增強你的信心，你就能締造超乎想像的業績。」

——格哈德．格施萬特納，《Selling Power》雜誌創辦及發行人

「業務員與小型企業主只要懂得傾聽，贏得客戶的信任，以客戶的利益為優先，就能做成業績。無論是內向還是外向者，想要做成業績，更重要的是讓客戶滿意，而這本書細細道出了必須具備的條件。」

——瑞莎．基爾斯坦，SCORE發展副總裁

「我所看過討論推銷流程與方法最詳盡的好書。內向者採用馬修的推銷流程，無論產業、頭銜為何，無論推銷的產品是什麼，都能成就驚人的業績。每一個企業主和推銷團隊，都該看看這本書。」

——賈斯汀．麥卡洛，第一資本全國小型企業電子商務副總裁

「世人早該看看馬修對於推銷，以及內向者也能學會推銷的獨特觀點。這是一本暢談推銷訓練的好書，內含許多新穎建議與策略。內向者背負太久的罵名，總以為在這個外向者稱霸的喧囂世界，自己沒有成功的可能。現在能有人以科學研究、真實案例以及實際應用，推翻這項迷思，真是意外的驚喜。」

——馬可．拉西，最佳推銷部落客大獎創辦人

「內向者在商業界處於劣勢太久。以後再也不會了！這本書要教你善用與生俱來的天賦，成為推銷高手，讓你的職業生涯更上層樓。」

——多利．克拉克，杜克大學福夸商學院兼任教授

「這本書是一位無可爭議的業界天王，分享的重要、實用，且一針見血的見解與建議。這本書就像一座寶庫，蘊含實用的訣竅、平易近人的故事，還有親身累積的學問，徹底改變你推銷的方法，你的企業也會脫胎換骨。」

——約翰．米歇爾准將，TED講者、國際知名正向組織績效專家

「如果你是個性內向的企業主，那你需要這本書。推銷是企業的命脈，只要看這本書，就算你是個內向者，還是可以大獲全勝！」

——潔美・馬斯特斯，Eventual Millionaire 播客

（曾被《Inc.》評選為最適合企業家的前三大播客）創辦人兼主持人

「馬修剖析了像我這樣的內向者，在推銷方面會遇到的問題，也分析我們內向者在這個很多人以為只有外向者才能獨霸的領域，該如何才能成功。我已經開始將書中所學運用在工作上，也會將這本書放在手邊隨時參考。祝你閱讀愉快，推銷順利。」

——史考特・希利，Oracle 合夥人、銷售經理

「在新經濟中，強勢推銷是沒有用的。現在最需要的推銷技巧，是傾聽，抽絲剝繭探究需要解決的深層痛點，以及知道該如何精益求精。這些都是內向者天生擅長的事情。馬修・波勒在這本書會告訴你一個真正有用，而且可以一用再用的流程。」

——羅伯・史東，Xero 澳洲全國合夥人總監

「大多數像我一樣的自由工作者都自立門戶，才能按照自己想要的方式，做自己想做的事。我們很少想到業績……直到完全沒有業績。我們很有必要學會馬修的系統，也就是一個清楚、令人自在的流程，讓人感覺完全不像在推銷。」

——艾蜜莉・李奇，自由職業者協會（USA Today 評選為二〇一七年自由工作者必看論壇第一名）創辦人

「祕訣都在這本書裡。馬修・波勒把推銷工作的猜測和不確定性拿掉，打造成一個有結構、有成效的流程。如果你是內向者，覺得推銷很難，那要請你再想想。馬修會證明，推銷並不只是施展魅力、強硬施壓直到成交那麼簡單。從事推銷或想要推銷的人，都不能錯過這本真知灼見的好書。」

——弗雷澤・尼奧・馬肯，Electrolux 亞太區通訊副總裁

「這本書太棒了，引導內向者按照可行的步驟，精進推銷能力。想鍛鍊推銷能力的人不可錯過。」

——尼克・希爾頓，NAB / MLC Advice Partnerships 策略成長與聯盟主管

「我鼓勵學生從其他人的經驗學習，將所學運用在自己的人生。馬修．波勒的這本書分享了值得一看的經驗，也傳授無論是內向者還是任何人，都可以按照自己的需求調整，立刻運用的推銷流程。波勒讓內向者明白，他們也可以成為頂尖業務。強烈建議商學院學生，還有想增強推銷能力的企業領袖看看這本書。」

——哈倫．貝佛利博士，德州奧斯汀大學 Texas Venture Labs 助理主任，McCombs 商學院講師

「想提升推銷能力的人，都一定要看這本書，但這本書講的絕不只是推銷能力！馬修．波勒顛覆了我們內向者向來對於推銷的看法。推銷再也不是盲目掙扎、只能奢望有好結果的苦差事。推銷其實是一種可以學習、可以預測、可以精進的流程，你和你的企業都能受用無窮。」

——范恩．哈尼許，ScaleUpU 創辦人

推薦序

推銷的兩難

我超討厭經營人脈，感覺很噁心，還要去操控別人。

說來真諷刺，畢竟《富比士》、《快公司》和彭博財經等媒體，都說我是世上最擅長經營人脈的人之一。但我覺得我做的不算經營人脈，角色更像是「牽線」。我喜歡介紹應該認識的人互相認識——一結識新朋友，我就會立刻思考我認識的哪些人，會需要此人的專長。我覺得我只是刻意牽線，讓雙方各取所需。

遇到明明很有才華卻不自知的人，我會特別興奮。有些人真的是才華洋溢，精通技術、創作、發明、思考，但不知為何，他們往往是最後一個知道自己才華的。我喜歡幫助這類人打造投資提案，帶他們走過整個執行的過程，協助取得所需的資源，看著他們發現自身的才華，收穫成果。我喜歡幫助別人宣傳。

這也很諷刺，因為我不喜歡宣傳**自己**。

我在美國愛達荷州只有三百人的鄉間小鎮長大，個性卻害羞到不行。我讀的高中，環境跟電影《拿破崙炸藥》（*Napoleon Dynamite*）描寫的差不多，於是極度內向的我，就成了霸凌受害者。我絕對不想引起別人注意。

我在幾家知名的公營與私營企業擔任過執行長，但自己創業卻很吃虧。我什麼人、什麼東西都能宣傳，就是不會宣傳自己。

「推銷」跟「經營人脈」差不多，是賣二手車的，還有深夜廣播節目主持人才會做的事情，既噁心又要操控人。我不推銷自己，也不想。我以為只要善良、腦袋聰明、對人有貢獻，自然就能賺到錢。

真夠天真的。

我希望世道如此，但那是美好的幻想。我的《超級人脈》（*How to Be a Power Connector*，暫譯）在二〇一四年登上《Inc.》的暢銷十大排行榜之後，開始接到川流不息的演講邀約。當時我還不熟收費演講，所以嚴重低估自己的價值，害自己累得半死，酬勞卻少得可憐。有人問起收費，我先是一愣，再說出我以為很高的數字（才沒有），覺得「區區」四十五分鐘的演講，能拿到這樣算不錯了。

我的客戶很開心。他們喜歡我，我也喜歡他們。但無論我的貢獻有多大，始終無法反映在銀行帳戶上。

有一天，我看到一篇討論近距離軟性推銷的文章，是我看過探討真誠推銷方法最精彩的一篇，作者是馬修．波勒。

我看了馬修的其他文章，並直接與他對談，感覺他值得信任。總算有個專業推銷員，不用花言巧語要我做……呃，任何事。他不想利用別人，也不想欺騙別人，而是真心想幫助別人。他做生意的方式也是我欣賞的——居中牽線，讓認識的人各取所需。

馬修翻轉了我對推銷的基本觀念。舉個例子，關於四十五分鐘的演講，我應該考慮的，包括打造客製化專題內容的時間、至少兩天的交通往返時間，還有期間無法與其他客戶合作的機會成本。這還不包括我在演說中所分享的見解與經驗，還有演說後與來賓一對一對談的價值。

難怪沒人想聘請我，我太廉價了！

我個性內向，身為女性，從小到大都被教育要以他人為優先，所以聽到「妳收費多少」的問題，直覺反應就是退縮。我這個曾在眾多企業掌舵的人，遇到與自己事業相關的簡單問題，卻不敢回答。

馬修建議我講的一句話，改變了一**切**。

與其等別人開口談價錢，不如先發制人，問道：「您會跟我聯絡，邀請我演說，相信您對於我的價碼應該有個概念。您的預算大概是多少？」

我感覺到對話的能量有所改變。不再是我弱弱地說出價碼，而是客戶突然間都很積極想證明，他們有財力與我合作。

我開始聽見類似這樣的回答：

「我覺得不會超過〇〇。」

「我們真的頂多只能負擔〇〇。」

「我知道您的收費大概不只這樣，但很希望您能接受〇〇的演講費。」

他們的報價，是我報價的**三至四倍**。最棒的是，我不覺得噁心，不覺得在騙人，不覺得坑了別人的錢。坦白說，感覺是堂堂正正的。

前美國眾議員芭芭拉・喬丹（Barbara Jordan）說：「要把遊戲玩好，就要搞懂每一條規則。」我在遊戲之中，都在幫別人贏……就是沒幫到自己。馬修讓我看見了我忽略多年的規則。我現在知道如何推銷自己的才幹，同時保持真誠、幫助他人，就像讀馬修那篇文之前一樣……不過現在，我也覺得自己贏了。

簡言之，馬修的推銷系統有你該懂的一切，也讓我擁有夢想事業。建議你按照他的方法，看看你的人生會有何不同。

——美國商業顧問、人脈管理專家，茱蒂・羅比內特（Judy Robinett）

前言
內向者的自白

當年還是小學生的我，曾對老師說以後想當律師，老師告訴我「未來的目標要務實一點」。

我在澳洲克雷吉本（Craigieburn）長大，家鄉的人不經營企業（就算經營也是藍領）。誰想突破自己的出身背景，就會被我們澳洲人說是罹患了「高罌粟花症候群」，意思是田裡長得最高的花會被砍掉。最好不要讓別人覺得你太汲汲營營，野心太大。

我升上銷售經理之後，公司將我調往阿得雷德（Adelaide）。有一次週末，我回家參加宴會，碰到一位老同學，他當年在學校可是很出風頭的。他在敘舊時說道，他在本地的一家工廠找到工作。

他說：「麥特，你做得對。你從小就聰明。我從小到大始終認為，我應該一心活在當下，對未來的事情不要想太多。結果我現在整天在火爐前面工作，熱得跟地獄一樣。

早知道我就該跟你一樣努力突破現狀，闖出一番名堂。」

這種話我真是聞所未聞。從小我就自認為是個只知努力的笨小孩，我在學校之所以那麼用功，是因為一直落後其他同學太多。我有光敏感的毛病，卻直到十七歲才確診，畢業時，閱讀速度只跟小學六年級生差不多。

但也許是因禍得福——如果我有同學那樣的天賦，也許就會安於現狀。也或許是殘疾驅使著我發揮潛能。我常說，是失敗種下了未來成功的種子。

我覺得內向者也是如此，因為我們並未擁有外向者的天賦，要以其他方式補強……但額外的努力，反而成為我們勝過其他人的優勢。

遊戲規則對我來說幾乎沒有用，我向來都只能見招拆招。舉個例子，我第一次創業才過了十八個月，有一天跟一群朋友去撞球廳，另一頭有個傢伙吸甲基安非他命吸到不正常，敲碎了一個玻璃瓶，還在我臉上劃了一大道口子。只差幾公釐，我的眼睛就要瞎了。我縫了二十六針，熬過了難熬的整型手術，傷口整整五年才癒合。我才剛開始建立的自信，就被毀容的疤痕摧毀殆盡。

以前的我，看起來就像個天真無邪、滿臉痘痘、書呆子氣，想說謊都說不了的高中生。有了這道疤，我看起來像個才從酒吧鬥毆出來的不良少年。事情都過了一年，傷疤還是很難看，因為醫師在診療過程中常常要把傷口打開。

我變成這副模樣，客戶再也不可能一眼就信任我。我只能重新設計推銷流程，因為別人一看到我就**不信任**（後來發展成我的推銷系統不可或缺的「建立信任」環節）。

沒想到還真的有效。

我賺的錢超乎我想像。我有最好的車子，頂級的華服，住在俯瞰墨爾本的頂層豪華公寓，房價高到我都不好意思說。在墨爾本年度企業頒獎期間，我在台上獲頒眾所矚目的傑出青年獎。我不僅成功，在人人眼中也是個成功人士。我是人生贏家，我夢想成真。

我記得很清楚，那天回到頂層公寓的家，將獎放在書架上的感覺：一種痛苦的幻滅。我覺得我應該做更多。接下來的幾年，我創辦了更多企業，賺了更多錢，徹底改變市場，也實現更多成功。但再怎樣也不夠，我的靈魂有個巨大的缺口，再怎樣也填不滿。

我決定休息一下，用一年的時間環遊世界，希望能發現……總之就是能發現什麼。我在巴西的嘉年華會，以及加州的科切拉音樂節（Coachella）狂歡。我在直布羅陀外海沉船潛水，蜿蜒走過瑞士阿爾卑斯山。我站在伊瓜蘇大瀑布（Iguazu Falls）之顛。我徒步前往馬丘比丘的最高峰。我甚至與西班牙的公牛一起狂奔。

我在尋找世界，但同時也在尋找我的靈魂……我發現了一樣東西。

我追逐的那些「成功」，重點其實並不在物質。我其實不在意名車、頂層公寓，還有名氣。我發現我之所以追逐這些，是想向世人證明，我並不是一個有學習障礙的、一無是處的年輕人。我已經證明了，卻仍然感到空虛。

回顧我的經歷，我想起最有成就感的時候。我的經歷如此之多，但最能讓我快樂的，還是波勒學院。讓饒負才華的專業人士找到自信，能自豪地介紹自己的專業，進而讓客戶願意支付他們應得的報酬。看見他們這些商界英雄打造出一個能一再成功的系統，徹底改變自己的人生。聽見德瑞克・路易士（Derek Lewis）、亞歷斯・莫菲（Alex Murphy）等人親口說我的建議帶給他們的助益，我至今仍會起雞皮疙瘩。

這就是我的使命，將別人難以實現的夢想，變成他們熱愛的突飛猛進的企業。

——馬修・波勒

第一章

內向者為何不擅長推銷

一筆生意想成功，少不了推銷，
但少了魅力和話術，注定毫無存在感？
了解兩個道理，就能突破內向者的困境。

在現代商業界，除非你能推銷自己的作品，否則再怎麼有創意，再怎麼原創也無用。

——《廣告教父的自白》作者、奧美創辦人大衛．奧格威（David Ogilvy）

亞歷斯．莫菲的美夢才成真不久，就即將變成惡夢。他得到兩位家人資助，開設了自己的攝影工作室，有專業級攝影機、最新的軟體、懸吊式麥克風，各路人才一字排開。金臂媒體（Golden Arm Media）已經萬事俱全。只欠推銷。

亞歷斯作為公司的老闆與門面，當然也要負責推銷。問題是他就像許多以專業起家，後來自行創業的人一樣，對推銷並不在行。應該說他身為內向者，還有點討厭推銷。

他初中畢業時，口吃的毛病很明顯，一直都沒什麼自信。他本來就有點害羞，討厭與陌生人閒談，又因為口吃，說話更是能免則免。在高中、大學時期，一碰到社交場合，他就渾身不自在。

時間快轉到幾年後，亞歷斯從無到有，設立了攝影工作室。這是一家新公司，並沒有既有的客群。他不是從另一家企業出來自立門戶，沒有帶著客戶作品集離開，也沒有廣闊的人脈和相熟的企業。他必須從頭累積客戶。

我們盤點一下：會口吃的天生內向者（一有壓力還更嚴重）……討厭閒聊（內向者常見的特質）……自我認知不正確，所以沒什麼自信……又因為有這些特質，所以很難建立新關係……偏偏他的生計，是要將無形的服務，賣給……素未謀面的陌生人。看樣子，災難簡直是遲早的事，是吧？

還真的是。

他跟潛在客戶講電話、面談時，除了聊攝影跟生意，完全不知道還能做什麼。潛在客戶想閒聊，或是說些個人生活上的事，亞歷斯就一聲不吭。接著就是一大段尷尬的沉默，雙方都在想辦法爬出不小心踏入的對話沙坑。

我們常說：「要跟自己喜歡的人做生意。」我跟亞歷斯相處過幾小時，知道他為人和善。但在需要推銷的場合，他連跟潛在客戶建立起碼的交情都很困難，更不用說讓對方信任，願意掏錢購買攝影這類專業客製化服務。

所以他的業績爛透了。

內向者的問題

我們內向者生活的世界（至少在西方文化），總是尊崇行為外向的人。我們常常讚美自己欣賞的領導者外向、迷人，有魅力。成功人士的外顯特質就是外向，所以我們覺得應該效法外向者。

但對於你我這樣的內向者來說，仿效外向者是沒用的。硬逼著自己外向，有違我們的天性與思考模式。是，我們可以假裝外向，可以學會掩飾內向性格，但終究無法違逆天性。要超級內向的人喜歡跟一群人一起工作，就好像要表演藝術工作者喜歡當會計。他們就不是這塊料。

心理學家卡爾・榮格（Carl Jung）將內向者定義為向內專注，將外向者定義為向外專注。他分析內向者與外向者的能量來源：內向者的能量來自獨處，外向者的能量則來自人群。在實務上，這代表內向者可以與一群人合作，也可以表演給一群觀眾看，但我們想充電，主要還是靠獨處。而另一方面，外向者可以獨自一人作業，但要充電還是要靠跟一群朋友出門，或是置身在人群中。

以我為例，我在台上看起來像外向者，下台回答問題或討論時，也顯得很外向。但一回到家，我就會關掉手機、打開電視，一個人坐幾小時，完全隔絕其他燈光與聲音，完全放空，讓自己充電。我喜歡幫助人，但互動會耗盡我的精力。我那幾位外向的同僚，則完全不同。他們上台之後精神大振，下了台也期待在市區好好玩上一晚。

我們回頭談談亞歷斯的情況。探討內向的研究者認為，像我們這種內向者，往往討厭閒談，只愛聊重要的事，只喜歡所謂「有意義的談話」。今天是來搞定工作的，誰在乎誰贏了昨晚的比賽？

內向者有個掩飾不了的特質，即專家說的「內在反思」，意思是在發言之前會先深思熟慮。我指導過一位客戶，他往往要思考很久才能回答問題，所以我們不得不改用Skype，我才能知道是他在思考，還是電話斷線。外向者則不同，他們經常會「大聲思考」。我們內向者討厭閒聊，往往給人笨拙、害羞、冷漠、反社會，甚至無禮的印象。其實我們不是這樣，只是乍看如此而已。

亞歷斯並不覺得自己有這些問題。在他看來，他只是開始做正事而已，畢竟他來就是要幹正事。當客戶聊起孩子的獨奏會或是週末的計畫，他就開始不知所措。他來是為了討論攝影，而這些事跟攝影完全無關。感覺亞歷斯在說他的，而同桌對面那個人卻在說自己的。見面推銷對雙方來說，只是種尷尬的互動。

亞歷斯蒐集了所有資訊，告別潛在客戶之後，會回到辦公室，花很多時間撰寫提案，有時候甚至長達三十頁。他一寫好就興沖沖寄電子郵件給潛在客戶，然後等待回音，一等就是幾天、幾週，甚至幾個月，最後發現他們委託別人了。

他眼睜睜看著夢想逐漸成空。他僅有的幾位客戶，付的酬勞還不夠打平開銷。創業資金燒得很快，他向父親借錢，也刷爆了妻子的幾張信用卡，而這兩人同時也是他的員工。工作室要是倒閉，一家人不僅會陷入財務困境，連日子都過不下去了。不趕快出現轉機，他就要面臨幾乎每一家將倒閉的企業，都要面臨的難堪現實：無力支付開銷、裁員，最後關門。他的妻子莎拉後來對我說，工作太勞累又看不到成果，她已經麻木了。她親口對我說：「在那工作實在太可怕，太可怕了。」

說亞歷斯走投無路，都算輕描淡寫了。

絕望只是雪上加霜罷了。處境越艱難，他就越急著爭取下個案子。如果你接觸過渾身散發絕望氣息的推銷員，就會知道跟這種人互動是什麼感覺。潛在客戶嗅到這種氣息，有時會趁機殺價，或要求更多（或兩者皆有）。但大多數潛在客戶看見他如此焦急，多半只會猶豫，不確定他能否完成使命。

眼前的廠商缺乏自信，是因為心急如焚，還是因為脫離舒適圈？如果是急著找生意做，那顯然能力平平，對吧？誰也不想跟能力不足的人合作。也沒人會想跟像是在乞討的推銷員打交道。如果是為了脫離舒適圈，那他大概沒什麼經驗嘛。我們還是要選擇有實績（而且明天還不會倒閉）的人。

亞歷斯是朋友介紹給我的，這位朋友自己也才認識他不久。我看了亞歷斯的作品，欣賞的是他的攝影才華，而不是他推銷的本事。我向來偏愛像他工作室這樣的小生意。我雖然喜歡跟企業客戶合作，但心裡明白，我所做的不過是讓成功的企業更成功，這樣還不如跟小生意人合作。知道自己的行為也許能改變他人的人生，心靈便會更充實。一個人的技能、熱誠、才華與自信可以讓他創業，這是很英勇的。看見小生意人夢想破滅，我的心都要碎了。我看過許多夫妻的小店開張，一排排走道、座椅始終空無一人，最後只能關門。我看過工匠的設備閒置在車庫，還有在家工作的專業人士的行事曆空白一片，不得不回頭找以前的老闆。我知道他們全家的壓力有多大：畢生積蓄泡湯、貸款到期、夢想破滅、離婚。這真的是我小時候一位朋友家的遭遇，他父母為了圓開餐廳的夢，省吃儉用拚命存錢。我還記得當時餐廳盛大開幕時的歡欣氣氛，感覺未來一片光明。大概一年之後，我發覺他爸媽的感情生變。幾個月後，餐廳倒閉，他爸媽也離婚了。他爸爸移居到另一座城市，從此與我朋友見面的時間少了一半。一家小店足以徹底改寫你的人生，可以帶你上天堂，也可以帶你下地獄。

很多小企業的產品與服務好極了，又有一群死忠顧客，企業主也是全心經營，那為何會倒閉？他們會告訴你，最大的問題就跟其他企業一樣：客戶太少。

我服務過個人企業家與企業，請教過企業創辦人以及「長字輩」的高層，也自己創辦過幾家市值數百萬澳元的企業，創辦並舉辦如今遍及全國的「小型企業節」。令我自豪的是，「小型企業節」名列《Inc.》小型企業不容錯過的「前五大」研討會。我將告訴你

你可能知道，或心底深處有過的想法：內向者的成功之路，與外向者不同。

我們是不同的，也該坦然接受。

不推銷會怎樣

行銷大師瑞德．莫特利（Red Motley）說：「除非有人推銷，否則什麼也不會發生。」

瑞德，恕我無法認同這句話。正是因為沒人推銷，才會有那麼多事情發生在我身上。

我有視覺障礙，卻被誤診為失讀症，因此我在高中畢業時，閱讀速度還停留在小學

六年級。再加上我又戴牙套，長年與粉刺為伍，於是超級內向，人生也缺乏方向。我高中畢業後沒進大學，我爸建議我休息一年，先找個工作。在真實世界闖蕩一年，我應該就會比較知道想做什麼工作，也才知道該唸什麼科系。

高中畢業的幾個月前，我在墨爾本距離我家大約十五分鐘的地方，找到一份只上週末的工作，當約翰的兼職助理（我怕尷尬，所以本書提到的人名大多非真名）。他以前是毛蟲（Caterpillar）這間製造商的工程師，被縮編（解雇）之後去了大型仲介公司先輩（Elders）擔任房地產仲介，先是在基爾莫爾（Kilmore）分公司，又去克雷吉本開設了新的分公司。

我的個性不適合在前台招呼顧客。我適合在後台處理文書，臉上還掛著「拜託不要跟我講話」的表情。我希望沒人注意到我，一想到要向顧客推銷，我就嚇到腦筋一片空白。

但我也找不到別的工作，所以暫時得靠這份工作養活自己，於是我仔細研究約翰所有的工作內容。我向來有點企業家的氣質，所以看見一家新的分公司從無到有，覺得很有意思。我看著約翰與管理員協商房租、裝設水電，開始裝潢辦公室。

各家包商前來競標重新裝潢的工程，項目也包括裝設隔板。約翰看了報價，覺得還是自己來比較省錢，畢竟他是個工程師。幾個月來，他架設隔板、油漆、挪動家具、布置辦公空間、安裝超棒的招牌，把一切細節打理好。他甚至常常穿工作服到辦公室，而不是西裝，潛在客戶看了，常以為他是裝潢包商。他說自己是房地產仲介，潛在客戶聽了就謝謝再聯絡。

就這樣過了幾個禮拜，有一天約翰走進來說：「好，現在該招攬一些生意了。」我覺得那不是我的職責，但還是不甘願地上了車。車子開往一處社區，我越來越不安，內心一直想著，**天哪，他要叫我跟別人說話**。

結果我們只是開車進入社區，停好車，把傳單放進各家信箱（我後來才知道，在美國這樣做可是觸犯了聯邦法律）。我們連門都沒敲，更沒有跟誰說話。我還記得那天忙了四十五分鐘，約翰說：「好了，今天就到這裡。該吃午飯了。」

我這個對做生意一竅不通的年輕人，根本不曉得銷售是怎麼一回事，只覺得鬆了一口氣，原來當郵差就好了！

顯然這位受過教育的專業工程師，對銷售並不在行。不久之後，克雷吉本分公司就停業了，約翰於是走人。

他去找另一份工作，但他那位大有可為的辦公室助理呢？那個暫時不打算進大學，也沒有別的事情要做的高中生呢？他要先用一年的時間認識自己，然後才進大學，那現在怎麼辦？我告訴你他的情況：他沒想法，沒人能幫忙，什麼也不會，也沒有選項。生計要靠別人……但那個人又不懂推銷，結果就會變成這樣。

就會變成：有人受傷，夢想破滅。

關於銷售的迷思

現在回想起來，我馬上就知道約翰怎麼失敗的。他不是銷售人員，而是典型的工程師，個性內向，善於分析，能解決問題。他懂的東西，沒有一樣能幫他向屋主推銷房仲服務。他的個性不適合出去認識別人，招攬生意。

他這個人不是不聰明。他很聰明，也不懶惰，卻沒把心力集中在推銷上，而集中在他本就擅長的事。你可以說他是想省錢才自己來，但他其實是刻意逃避不適應的事。他的毛病其實也是很多人的毛病：只做自己熟悉的事。更何況對於內向的人來說，一想到要推銷自己的服務，不只是不自在，簡直恐怖死了。與我共事的很多內向者，都能體會這種感受。他們喜歡做自己擅長的事，而不喜歡做自己不適應的事（大多數人都如此）。

於是他們專注在工作上。企業主往往自行創業，因為他們擅長經營。律師懂得法律，所以自己開事務所。電工自己開承包公司，因為擅長電工。資訊科技專業人員開諮詢公司，因為精通特定的平台。

但只是擅長，甚至精通，並不代表顧客就會自動上門。就算你撒錢打廣告（這通常不是解決銷售問題最好的辦法），別人光臨或打電話來時，你還是需要互動。行銷也許能招攬感興趣的潛在顧客，但顧客知道你的專業，到真正想掏錢購買，兩者之間還是有段距離。你得推銷。

當然，問題在於律師、電工與顧問並不是銷售人員，而是律師、電工與顧問。在他們眼裡，推銷是銷售人員該做的事。

這些聰明人可以學會做到收支平衡（就像會計），聘用、訓練員工（就像專業人資），以及處理顧客申訴（就像客服）。但不知為何，這些聰穎的企業主，卻認為學不會推銷（就像銷售人員）。

因為他們認為懂法律或是懂得修理電氣設備，是一種技能，而懂推銷則是一種個性。他們認為要有魅力，才能推銷成功。個性要外向才行。要會閒聊，要能爭取眾人支持。要討喜。推銷是一種「與生俱來，後天學不會」的本事。

很多內向者也有這種迷思，所以不嘗試就直接放棄，不去推銷。他們覺得憑自己的個性不可能推銷成功，所以不去學習，而是把時間與精力用於精進專業，再撒錢打廣告，希望會有奇蹟出現，突然大賣。「做出成績來，顧客自然來」是電影才會出現的情節，你經營企業要是也這麼想，那關門是遲早的。

還有另一種迷思。小企業最常提到的最大問題是什麼？他們會告訴你，是找到顧客。但我跟這麼多企業家與專業人士直接合作，領域橫跨寫作、房地產、人員培訓等產業，卻發現問題其實不是找到顧客。企業主多半不願意面對現實：他們不想跟人打交道，不想建立人脈，不想參加活動，不想接電話，也不想安排見面。他們不懂找以前的客戶推薦自己帶來的效果。他們看不出哪些人是潛在客戶，也不知道誰是最有潛力的潛在客戶。

你是東岸最厲害的聲樂老師也沒用。沒人知道你的本事，又有誰會聘請你？這些小型企業主與企業家爬了大半座山，卻讓夢想在離山頂幾步路的地方破滅。

問題出在推銷，其實很好解決！

我與成千上萬的企業主、銷售人員、企業家，以及專業人士共事，領悟了三個道理：

1. 推銷是一種誰都能學會的技能。
2. 任誰都能建立一個推銷的過程。
3. 內向者只要理解這兩個道理，也能成為推銷大師。

很多人為了當醫師、律師，唸好幾年書，等到唸完研究所，身上已經背了幾十萬澳元的債。我曾對管理的銷售員說，他們只要用兩週學會我的基本推銷系統，就能有六位數收入，不必十年寒窗，也不必背負債務。我常看見「天底下哪有這種好事」的表情，也常聽見「你怎麼知道我學這一套有用？」的回答。

我化解他們疑慮的辦法就是：

敲九十三道門

約翰的房地產仲介生意不得不收攤，我當初並沒有思考為何會倒閉，而都在煩惱該怎麼辦。高中才畢業，人生還沒規劃。連怎麼賺錢都不知道，還談什麼開展事業？

人家說需求為發明之母。我也一樣。約翰的房地產仲介門市倒閉，我在聖誕節幾週之前沒了工作，也看不見前景。朋友們都在歡度假期，我卻急著找工作，什麼都行，只要有收入就好。

澳洲的聖誕節是在仲夏，所以是暑假與聖誕假期二合一。從十二月中到大概一月中，重要人物都在放假。這段時間要找到像樣的工作，簡直是難如登天。

沒什麼選擇。我已經延後上大學，我爸每週工作八十小時，我要怎麼告訴他我現在失業？我翻遍報紙（那時網路還不太發達），唯一能找到的工作，就是挨家挨戶推銷。大多數人一想到挨家挨戶推銷，就心生恐懼。

我也覺得恐怖到極點。

我跟約翰都不喜歡跟人打交道。求學時期，我始終覺得自己很遲鈍，這麼多年來，自信已經損耗到幾乎全無。我為了矯正光敏感，戴著有色眼鏡上學（先前說過，這是一種視覺障礙，卻常被誤診為失讀症），又滿臉粉刺，常被取笑。我還記得有一天打籃球，球砸到我臉上，還砸破了一顆青春痘。眾人的嘲笑比被球砸中更痛。

我是個害羞的年輕人，有學習障礙，粉刺多到毀容的地步，又戴著牙齒矯正器，現在唯一找到的工作，是要向素不相識的陌生人推銷手機門號方案……這種情節只會在惡夢上演。

我並沒有大家以為「天生會推銷」的推銷員會有的超強個性，沒辦法一走進潛在客戶的門，就立刻滿面春風，魅力四射。那時，我即使是跟一群朋友相處，也很難鼓起勇氣採取主動，更別說是陌生人。

最重要的是，我沒有推銷的心態。我雖然有企業家的氣質，但我們家世世代代都不是外向的企業家。我住的那一帶，居民多半是勞動階級，每個當父母的都是上班、打卡，然後回家。招攬顧客對我來說，幾乎是完全陌生的概念。

簡言之，你絕對不會想到，像我這種人竟然會以推銷為業。但我沒有選擇，非做不可，所以就算沒半點天分，也要想辦法推銷。

雇用我的行銷公司，是那種只給佣金的公司。我的經理說，公司是把泥巴扔到牆上，看看哪一坨泥巴會黏在牆上（你要是泥巴，那可不好受）。我穿西裝打領帶前往應徵，結果立刻錄取了小型企業推銷小組。「推銷訓練」為期三天，我們研究奧茲康（Ozcom）公司的各類電信產品與門號方案，然後主管就叫我出去推銷。就這樣，沒有協調、沒有指點、沒有協助，直接出去推銷。

我覺得我踏進的每一家店，應該都會叫我滾，叫我去死。但我還是認為去商店密集的地方應該比較輕鬆，因為不必一直上下車。被一家店踢出來之後，不用走太遠就能到下一家。

所以我選擇去雪梨路（Sydney Road），算是附近的主要道路。我把車停在一排商店的盡頭，下了車，望著眼前眾多商家。我穿著唯一一套西裝，就是這套西裝讓我得到這份向公司推銷的工作：黑色聚酯纖維西裝，廉價到在陽光下會發亮，醜死的萊姆綠襯衫，鮮紅色領帶。我站在路邊，看著長長一排商店，每一家都已經有門號了。

我吞了口水，走向第一家店，手才放上門把，突然想到一個問題：我不知道該說什麼！公司跟我說了要推銷什麼，卻忘了教我**怎麼推銷**。

九十二：這是我被拒絕的次數。「不要」、「滾」、「沒興趣」，還有（我最喜歡的一句）「去找份**像樣**的工作吧」。我被當場拒絕九十二次，整整九十二次都必須忍下焦慮，努力擠出微笑；整整九十二次走出大門，我心想，**我怎麼把人生搞到這種地步**？

這一天即將結束，我走進第九十三道門……終於賣出一個門號！我樂翻了，終於成交。我抬頭挺胸走出門，想著要怎麼花七十澳元的佣金……直到想起一件可怕的事。我望著我還得去推銷的其他幾十家商店，想到隔天還得再來一遍。日復一日都得這樣。

一定有更好的辦法

我發現很多人遇到這種問題，會有兩種反應。要嘛辭職，要嘛加倍努力。我說過，我不能辭職。我不想繼續做，但不可能對著我那一週工作八十到一百小時、只能勉強養家的父親說，我上班第一天就辭職。我答應過他，要養活自己，就像他多年來養活全家一樣。我要兌現承諾，但我自知不擅長推銷。僅僅是加倍努力還不夠，一定有更好的辦法。我要想辦法推銷成功。

大多數人會從傳授推銷方法的書籍找靈感。但對我來說，看書是種折磨。我有光敏感的毛病，所以畢業之後，閱讀速度還像小學六年級生。我要幾個月才能看完一本書，我沒那麼多時間，明天就需要成交。

那天晚上我一回家，就上谷歌（Google）搜尋「如何推銷」。我在YouTube找到布萊恩·崔西（Brian Tracy）、吉格·金克拉（Zig Ziglar）等人發表的一些推銷技巧訓練影片（當時還很新）。我一直看，直到不得不去睡覺。

隔天我想試試看從影片學來的幾招。這次沒有被拒絕九十二次，只用七十二次就成交了。那天晚上，我又看了幾部影片。隔天，我發揮前兩天有用的招數，再加上前一天晚上學到的新招，試了四十八次就成交。

我繼續做有用的事，把沒用的丟掉。例如，我不再向我看到的第一個人推銷，而是說：「我是奧茲康公司的。我們公司在這個區域推出新的優惠方案。請問是應該找您談嗎？」用這種方法，就能找到真正作主的人，而不是被櫃台踢出去。

我不會找到經理就開始介紹產品，而是先詢問最新一期電信費用帳單，迅速拿出計算機，算一算數字，再告訴他們要是改用我們家的電信服務，能省下多少錢。不久之後，我每造訪十家商店，就能成交一家，後來又變成每五家就能成交一家。換句話說，我的成功率從百分之一，提高到百分之二十。才幾個禮拜，我就進步了二十倍。

我不會即興發揮，沒辦法拿起別人說的話，編出一套推銷話術。每造訪一家店，我幾乎都是照搬同一套。我創造了一套特別的流程，拚命堅守。

剛開始在這家公司上班的時候，公司裡的老鳥推銷員根本沒注意到我。他們忙著說市場漸漸飽和，賺錢變得困難多了。很多推銷員已經離職，連業績最好的都說不想做了。他們聊著、笑著，拍拍彼此的背，我則是坐在最後面的安靜年輕人。幾週過後，那些推銷老手的排名開始落在我後面。他們不敢相信，我這個內向的十幾歲年輕人，銷售成績竟然能勝過他們。甚至還有幾位懷疑，我能有好成績是靠作弊。

我的銷售成績穩居小組第一。幾個月後，我成了全公司業績最好的銷售員（我任職的公司，正好也是南半球最大的銷售與行銷公司），所以我被晉升為銷售經理。

我要怎麼訓練其他推銷員？我只會我的這一套。於是我就這麼做：教大家我的這一套。那些「有天分的」不想學，仍舊依靠自己外向的個性。他們的銷售成績大起大落：有幾週很好，其他時候則爛透了。至於個性內向的下屬，則是把我的方法當作天條。他們就像以前的我，嚇得腦筋一片空白，完全不知道該說什麼，才能讓潛在客戶購買電信服務。

後來出現了怪現象。內向者的銷售成績，全都超越外向者。也許不是每天，但絕對是每週都超越。外向者在最佳狀態下，有時會勝過內向者，但長久而言，內向者還是鐵定會打敗「能言善道」的外向者。我發現許多迷思與觀念都錯了，內向者才是最佳推銷員。

我當時並不知道：外向者的銷售成績，直接受他們的個性甚至是心情影響。諸事順利的時候，他們銷售業績就很好。但生活要是面臨壓力，或是出了問題，例如跟朋友起了爭執，或是在規劃自己的婚禮期間，他們的業績就會翻車。

內向者則是只依靠制度。無論心情好壞，無論遇到何事，他們都會按照計畫進行，每一次推銷都得到同樣結果。內向者當然也會遇到跟外向者同事一樣的壓力源。我記得早上開會，我那些內向者同事常常會說起他們的不順利、計畫，以及擔憂，但開完會到外面去，他們還是能創造同樣的成績，跟萬事順利時一樣。

化身銷售大師

就像亞歷斯．莫菲。

快轉到我挨家挨戶推銷的十幾年後。我依據跟成千上萬名推銷員與企業主合作的經驗，精簡了推銷流程。我有個祕訣，能把內向害羞，或是「做生意不是為了當推銷員」的專業人士，變成厲害的銷售顧問。

我不是一開始就專為內向者設計，但我發現內向者本就會這麼做。我也發現很多企業主天生內向，尤其是從事服務業的企業主。他們之所以做生意，並不是為了推銷，而純粹想賺大錢，按照自己的心意與節奏，做自己喜歡的事，經營以家人與生活為中心的企業（而非相反）。

我看了數據，就不覺得驚訝了。美國的研究發現，受訪的美國人當中，天生的內向者占三分之一到二分之一。但從文化上看，美國是世上最外向的國家（芬蘭則是最不外向）。更有意思的是：這些受訪者當中，超過半數始終認為自己內向。換句話說，很多人並不是天生內向，卻自認天生內向。

我幫亞歷斯依據他的內向性格，打造屬於他的推銷系統，效果很好。我沒教他推銷的花招，沒教他糾纏不休、咄咄逼人，也沒教他用花言巧語勸誘客戶購買。我只是給他一連串任務，或稱之為待辦事項，而且是符合他個性的。我沒有叫亞歷斯要外向（他不可能做到，會自覺不真誠），而是設計出一套流程，適合他愛好分析、專注主題的心態。

更重要的是，我教他持續改良這一套。我給他的流程，要是只適合他現在的經營規模，或是只適合某種類型的客戶，那就沒什麼用。所有公司都會成長、會改變、會演進，客戶類型與工作內容也會隨之改變。舉個例子，如果我叫亞歷斯只向需要宣傳影片的自由工作者推銷，那麼，萬一業界最大的網際網路行銷公司萊恩摩根（Ryan Morgan）需要製作節目影片，或科技業巨擘甲骨文（Oracle）需要訓練影片，他就無法應付（這兩家現在都是他的客戶）。你需要能順應情勢調整的系統。

首先我告訴亞歷斯，一定要與潛在客戶建立交情。亞歷斯不會一見到潛在客戶就談正事，而是準備了兩、三個通用的聊天話題。

先暫停一下。這句話聽起來跟我剛剛說的完全相反。我們內向者多半討厭聊天，你也知道亞歷斯討厭聊天。要我們自然而然開啟心門，哪怕只有一點點，都跟拔牙一樣痛苦。

但我幫亞歷斯想的辦法不一樣：我們把自然而然拿掉。他不必去想話題，不必拿客戶辦公室的一張照片當作話題，也不必隨著客戶丟出的話題起舞。他只要演練三種不同的話題，就不需要自然發揮，也不必在沉默中乾等自己與潛在客戶找到話題。他現在與潛在客戶見面，都已經做好準備，可以發起，更重要的是**控制**閒聊。與潛在客戶建立交情不再是苦差事，也不再是必要之惡，而是待辦事項：亞歷斯已經做好準備，可以輕鬆以對，因為他已經知道該怎麼做。

（看過喜劇演員在日常生活的模樣嗎？大多數完全不像在台上那樣滑稽。他們在台上多次演練，表演時說出的笑話像是即興發揮，但其實都是熟練才會有的效果。）

我的推銷流程，變成像按下播放鍵那樣簡單：「哇喔，還好我沒遲到。塞車真是太嚴重了！你從家裡通勤到這裡通常要多久？」我會繼續照著劇本走，在適當的時候按下暫停鍵，等到一切就緒，就拿出簽約所需的文件。

我有時候想像自己是電影《霹靂五號》（*Short Circuit*）裡面的機器人。只要選擇正確的程式，再輸入「執行」。就像電腦一樣，每次執行的方式都相同。

但我並不希望你像機器人一樣背台詞。

看過影集《安迪·格里菲斯秀》（*Andy Griffith*）的其中一集「埃米特的舅子」嗎？修理工埃米特·克拉克是一家小型修理店的老闆，對生活很滿意，直到他的舅子來訪。這位舅子是能言善道的頂尖保險業務員，埃米特的妻子看見兄弟如此成功，就硬要他把店關了，也去做保險業務員。

舅子把自己的推銷話術傳授給埃米特，要他照著說。埃米特向梅貝里（Mayberry）的幾位居民推銷保險，像背書一樣把整套話術背出來，卻徹底搞砸。在這一集的結尾，埃米特的妻子看見他回到工作台，開開心心修著烤麵包機。

埃米特並非不擅長推銷，業績才不好。他業績不好，是因為別人要他背的話術，不是真正的他會說的話。這樣推銷是行不通的。

我沒有拿台詞叫亞歷斯背，而是讓他決定閒聊話題，再自己多加演練，直到習慣成自然。

有個重點：我不是要你背台詞（埃米特的舅子就是這樣），而是幫你打造推銷的言詞，你在任何情形都能選用，也能運用自如。

不到十二個月，亞歷斯就從瀕臨倒閉，到年營收上看一百萬澳元，而且案件幾乎全是企業委託。現在他再也不覺得推銷是必要之惡，而且你相信嗎？他還**很喜歡**呢。

打造內向者優勢的七個步驟

我們內向者與外向者同事相比，在推銷上有一項優勢：我們不依靠個性。我們沒有天分，所以必須依靠一套流程……久而久之，流程就會超越個性。每次皆是。

我向內向者介紹適合他們的推銷流程，並不會吹噓這是什麼了不起的全新發明。你只要研究過推銷這個主題的文獻，那我所說的每一個觀念、每一項建議，你應該都會很熟悉。人類推銷的歷史已有幾千年，推銷作為一種專業，也發展了至少一百年。我要介紹給你的，其實也不是一個推銷系統，而是讓你建立自己的系統的框架。

這就是美妙之處。

依據我在每個步驟闡述的原則，再參考我從內向者的角度，為其他內向者提供的觀點與建議，你就能打造適合你企業的推銷系統。你可以依據客戶、產品以及服務，打造你的推銷系統。這個系統可以隨時間來調整，最重要的是，它真正屬於你。

我要提醒你一句：這樣推銷並不會每次都管用。天底下沒有次次都管用的方法。你難免會遇到怪咖，或是詭異的狀況。即使你已經打造出最完善的流程，也不會每次都推銷成功。比較務實的目標，是打造一個推銷成功率至少能有大約百分之八十的系統。換句話說，只要多半能成功就好。

我們的目標不是完美，而是進步。

不過在開始討論七個步驟之前，還是先從三萬英尺的高空看看，你就能知道這七個步驟如何合而為一。

第一，要建立信任，而且要有議程。「除非別人知道你有多在乎，否則不會在乎你知道多少。」這句話是老生常談，但也很有道理。《人性的弱點》（*How to Win Friends and Influence People*）之所以會是長盛不衰的經典，原因之一是戴爾．卡內基（Dale Carnegie）的建議永不過時：首先要與他人建立交情。即使是最微小的交心，都足以讓客戶放下心防，拿你當正常人看（而不只是很缺業績的推銷員）。如果潛在客戶對你連基本的信任都沒有，那你說什麼他們都不會相信。對著不信任你的人推銷，只會是一場硬仗。

建立了交情，就要規劃路線。我跟資深推銷員合作過，他很擅長與初次見面的客戶建立交情，但之後就會直接開始談生意。你聽課或是聽研討會時，有沒有過覺得不知道台上那個人要講什麼的經驗？又也許你感覺他有主題，或感覺他漸漸要談到某個主題，但似乎講了一堆都沒講到重點？

大家都想知道談話的走向，尤其是在推銷的場合。我教很多人畫出簡單的路線圖。你要告訴對面（或是電話那一頭）的人，你為什麼即將要問一堆問題，這些問題對他們有什麼好處。聽起來很簡單，但我看了總是很意外，因為這樣說明就能讓對方的反應大為不同。對方只要了解這次見面大致的議程，態度往往會明顯變輕鬆。他們可以暫時放輕鬆，知道你會主導全局，而且你有所規劃。只要安排妥當，他們就會明白，你問這些問題是為了能幫上他們，所以會樂意詳答。

第二，要問深入的問題。企業主很難站在新潛在客戶的角度檢視自己。我們知道自己在推銷什麼，但看在潛在客戶眼裡，我們只是另一件想賺錢的商品。無論如何勸誡，大多數推銷員見了潛在客戶，還是會用一堆話表達：「我賣的是這個。你要不要買？」很多專業推銷員就是天天這樣做，可想而知企業主以及自營作業的專業人員，尤其是個性內向的，犯這種毛病的頻率有多高。

別告訴他們你在推銷什麼。應該準備一些問題，才能了解他們的痛點。就像醫生探查傷口，你也要探查客戶的痛點，直到找到出血點。然後就要在傷口上灑鹽：要以能讓他們有感的方式，告訴他們不買會付出什麼代價。他們擔心安全嗎？沒時間跟另一半相聚？想提供子女舒適的生活？那才是他們真正在意的問題。

要是他們不想對著陌生人敞開心扉（可以理解），那就說說類似的顧客遇到類似問題的故事。你很有可能會看到他們點頭，因為有類似的經驗。

第三，找能作主的人談。你可曾在推銷時，看見對方一邊聽，一邊猛點頭？你看了心想，**哇喔，真是順利！這一單我拿下了！**等到你準備好要簽字，對方卻說：「唉呀，不行，我不能作主。我得跟我的（先生、太太、老闆、投資人、伙伴、委員會等等）商量。」這種事我遇到太多次了。燃起了希望，最後才發現跟你談的人根本作不了主，一盆冷水澆下來，真洩氣。所以一開始就要弄清楚，該不該向眼前這個人推銷，還是應該去找對的人。

第四，要用故事推銷。等到你問完該問的問題，找到潛在客戶最大的痛點，也要告訴他們，只要購買你才能提供的產品與服務……人生、企業、職業生涯、人際關係等等，會有多美好。

推銷老鳥會教你「要推銷嘶嘶聲，而不是牛排」，但現在所有人都在推銷嘶嘶聲，顧客還比以往更挑剔、教育程度更高。他們只要動動滑鼠，就能將你與你的競爭對手比較。所以與其向他們推銷解決方案，不如說個故事，說那些你準備好、很熟練的幾個故事之一。說你以前有位客戶跟他們很像（應該很像啦），本來不想向你購買，但想想還是買了，最終得到了他真正想要的結果。

簡言之就是講故事，讓他們明白你推銷的產品或服務，能改變他們的人生。

第五，用故事回應反對。我們都聽過那句老話：「顧客永遠都是對的！」跟顧客爭論沒用，你贏不了。何況我們內向者通常會避免正面衝突。我們不想咄咄逼人，所以亞歷斯．莫菲要如何克服顧客的反對，又不違逆本性呢？

還是用故事。

他不會對顧客說，哪些地方不對，邏輯有問題。他不會硬要顧客掏錢，也不會耍花招誤導。他只是講故事，當然要事先準備好，才能發揮得自然。他說以前有個顧客也有類似的反對意見。「但後來……」亞歷斯接著說起他如何讓顧客的疑慮一掃而空，而顧客最後決定選擇他，最終的結果有多美好。

你當然可以用邏輯與事實反駁，但你不會想這樣跟潛在客戶打交道。你可曾聽過

「贏了爭論，輸了訂單」這句老話？你是希望讓客戶卸下心防。說故事就能讓談話的重點從是非題，轉移到「這樣……後來就怎樣」，也能談到重點。你沒有直指客戶不對的地方，而是平息他們的疑慮。他們可以不同意邏輯，也可以不同意他們與你合作會有的結果，但不能不同意**你的**故事裡的人的結果。

第六，試探客戶的想法。一般的推銷方法，都主張應該「開口要交易」。我覺得這適合某些人，但我也認為，很多人聽見如此直率的問題，會立刻提高警覺。他們不喜歡被你逼著做決定。而且我這個內向者，也不想開口叫人給我生意。我不想咄咄逼人，會覺得不自在，我個性就不是這樣子。

我採用的是試探性的結尾。我們幫亞歷斯設計出一個隨意的問題，例如：「你覺得甲方案跟乙方案，哪一個比較適合你？」

如果對方立刻展現抗拒的態度，亞歷斯就說：「不是，不是。我只是要說明接下來的流程，還有要怎麼處理，所以要先知道哪個方向最適合你。」潛在客戶聽了，往往會覺得**自己**衝太快，應該要繼續聽下去。亞歷斯也會明白，現在還不是推銷的時候，他還需要再說明他所能提供的服務，問更多問題，說更多故事，再試試另一種試探性的結尾。用這種方式，潛在客戶沒必要提高警覺，因為亞歷斯只是想「了解」。

如果潛在客戶樂於討論，那亞歷斯就知道對方願意成交。用這種方式，很容易得知客戶是否已經做好準備，亞歷斯也就不必背負咄咄逼人推銷的壓力。

第七，假設已經成交。即使我覺得成交在望（試探性結尾得到正面回應），我還是不喜歡開口要交易。在我挨家挨戶推銷門號方案的那段日子，只要推銷到這個階段，我會直接當作成交了。發現潛在客戶已經願意成交時，我就會說：「我要確認一下你符合這個方案的資格：你有ABN嗎？」（這是澳洲企業的識別碼，有點像公司的社會保險號碼。）如果他們說有，那我就說：「太好了，能不能請你提供？」

潛在客戶從來不會把這個號碼放在手邊，所以都要暫時離開去拿。等他們回到辦公室，我已經在替他們填寫表格了。對，真的就是這麼簡單。

說穿了，我從來沒給他們拒絕的機會。他們對於試探性結尾的反應，若是讓我覺得他們願意成交，我就直接假設對方願意繼續。我讓他們自然而然接受，要他們做一件接下來該完成的事，除非被拒絕，否則我就直接當作已經成交。

最後而且是最重要的步驟，就是要精進推銷流程。這一步其實是我整個推銷流程的基礎。大多數推銷專家，都是一心一意希望每次推銷都能成交，我則是採用不同的策略。

我覺得推銷就像工廠生產線。工廠剛開始生產的時候，第一批生產的幾個小玩意大概會很糟。等到工程師與作業員調整生產流程，小玩意的品質就會越來越好。久而久之，生產線的效率就會達到最高。但即使如此，品質管制的統計數據也顯示，生產線生產的小玩意，不會每個都一樣。偏離基準的程度，會有一個可以接受的範圍，而超出這個範圍的產品會被丟棄。聰明的工程師會繼續調整生產線，但一次只會調整一樣東西。他們會試試換個速度，換個生產線作業員，換個原料，看看整體的產品品質是會因此提升，還是下降。

亞歷斯與潛在客戶見面推銷，並不會只在意這次能否成交，就好像工程師也不會只在意一個產品。他就像個工程師，看的是整體：整個**系統**運作得如何？

他知道有一定比例的推銷不會成功。他**知道**會失敗。與先前的不同之處在於，他現在知道，失敗也是推銷生產線的正常現象：會有某個數量的小玩意是瑕疵品。也有某個次數的推銷會失敗。

所以亞歷斯不會每次推銷都非要成功不可，而是想辦法改善推銷系統。只要改善他的推銷「工廠」，自然會有好結果。

每次與潛在客戶見面推銷，無論結果為何，他都會細細分析整個過程。有按照流程進行嗎？是否有意料之外的事？潛在客戶是否提出了新的反對意見，而應該多準備一個故事作為回應？潛在客戶聽了笑話，有沒有笑？某些話是否還需要多加練習？潛在客戶對於甲、乙、丙的反應是什麼？這次採用了不同的東西，有效果嗎？

他不斷嘗試，不斷精進他的推銷流程。更棒的是完全沒有壓力，因為他只是在實驗。推銷再也不是反映他的個性，而是一種外在的過程。

難怪他的業績將要突破百萬澳元大關。更重要的是他找回了自信，不再擔心金臂媒體會倒閉。他在實現夢想。

不過，推銷幾百澳元的門號方案，或幾千澳元的專業服務是一回事。我還要告訴你，兩位科技業的企業家是如何用我的方法，說服創投業者掏出數百萬澳元，投資根本還不存在的東西。

第二章

爭取信任，備妥議程

信任是開啟互動的前提，
沒有方向的討論，只會消磨時間與彼此。
一條好的起跑線，將助你事半功倍。

「別人喜歡你，就會聽你說。但別人要是信任你，就會跟你做生意。」

——美國著名銷售教練，吉格·金克拉

亞歷斯很難跟潛在客戶建立交情，不過貝絲與艾美沒有這個問題。這兩位女士為《財星》五百大企業開發科技解決方案，甚至是促使一家科技公司上市的團隊成員。認識別人、推廣新構想、說服他人認同自己，全都是她們職業的一部分。

她們在教育科技新創公司尚未普及之前，就創立了一家這類型的公司。公司成立後，她們開始尋找金主，想將公司的平台推廣至全球各地。她們在創投圈工作過，而且憑藉先前的經驗，在私募圈也有人脈。她們跟圈子的很多人都有來往，所以交情不是問題。那問題是什麼？

信任。

並不是說她們不值得信任，而是「很難讓人有信心」。她們在潛在投資人面前很難保持鎮定，一心一意只想拿下**這一位**投資人，唯恐推銷失敗（應該說怕找不到資金），難以理性思考。

替公司招攬投資人是一回事，替自己招攬則完全是另外一回事。這家教育科技公司，是貝絲與艾美構思、打造，並且細心經營的心血結晶。你對產品充滿熱愛，那就很難（幾乎不可能）不受情緒影響。

我認識她們的時候，她們的人脈幾乎已經耗盡。她們被拒絕太多次，已經被拒絕到怕了，而且心力交瘁，眼看資金就要用盡。（各位有過這種經驗嗎？我有。）

二〇一二年四月的《科學人》（*Scientific American*）雜誌，檢視了多項探討焦慮症成因的研究。研究指出，只要察覺到壓力，無論是被熊攻擊，或是即將登台演說，都會引發同一種生理反應。結果是：前額葉皮質萎縮，身體則進入戰或逃狀態。前額葉皮質是掌管抽象思考、理性思考、短期與長期記憶、「社會控制」等功能的大腦區塊。翻譯成白話文就是，我們只要感受到壓力，大腦聰明的地方就會麻木。

我認為她們兩位之所以在低壓力的環境得心應手，在面對拿出一張支票就能救活她們心血的金主時，卻無法保持沉著自信，原因就出在這。

第一步有一半是信任。亞歷斯要贏得潛在客戶的信任，一點也不困難。他有足夠能力，也能展現專業成果。但貝絲與艾美推銷的，是沒那麼具體的東西，而且風險大得多，高出數百萬澳元。

她們壓力山大。更何況還有其他方面的壓力，任誰置身這種處境，心理都會受創。她們對外推銷，簡直就像在傷害自己。沒錯，開口向別人要幾百萬澳元，確實會壓力很大，尤其是已經被拒絕多次的狀況，而且對內向者來說，這種壓力還會倍增。研究明確指出，內向與焦慮確實有關。外向者真的不會像我們這麼焦慮（真幸運）。

難怪她們兩位內向者，想為自己的教育產品爭取數百萬澳元資金，會如此困難。這家公司對她們來說，不只是一家公司，更是志業，是一生的使命。但是她們推銷的對象，一天到晚聽見某人的新創公司是「下一個推特」，這種話早就聽膩了。她們顯然缺乏自信，但看在他人眼裡，卻像是對自己的產品缺乏信心。她們明明就有一流的媒體、最棒的成功故事、出色的經歷和超殺的募資簡報，卻流露出窮途末路的氣息。每一個潛在金主，都像她們最後的一線希望。

這樣很難打動創投業者。

瑞秋・博斯曼（Rachel Botsman）在二〇一二年的TED演說特別強調，信任對於當今的企業有多重要。別人必須信任你，才願意跟你做生意，或提供資金給你。換句話說，你必須在一個人身上投入一些社會資本，以後才有得提領。在創投界，越來越多新創企業爭搶同一批資金，因此新創企業的領導者與管理團隊，也越來越需要贏得創投業者的信心。畢竟創投業者要能相信，你不但能拿下他們，也能拿下接下來的十位大客戶，這樣他們的投資才能回收，你往後也才能賺大錢。

貝絲與艾美必須減輕焦慮，才能更有自信，也才能氣定神閒，而不是緊張兮兮。她們應該著重在先爭取對方的信任。

不在乎的力量 vs. 絕望的惡臭

我們解決了小問題，卻又被引向了大問題。

首先，她們應該不要把情緒帶到推銷。說比做容易，對不對？這就像找工作。你要是只有一場面試，就等於把雞蛋全放在一個籃子。你非得拿下**這份**工作，否則就會餓死。

她們的情況也一樣。她們往往只約了一位潛在投資人，這等於把所有的雞蛋都放在那一個籃子。要是沒拿下**這一位**，就只能回到一無所有的原點。

探討職業生涯發展的書籍，多半會建議你至少另外約兩家面試。這樣你就知道就算沒拿下這一家，也還有其他選擇。對於貝絲與艾美來說，就是要安排另外一位潛在金主。她們必須更積極招攬，準備更多潛在「顧客」，所以必須脫離舒適圈，要在現有的人脈之外開闢，拜託別人介紹，主動接觸創投業者……還有許許多多的人際往來。這些事情，內向者一件都不想做。

不過，她們在這些社交互動中，並不是要向潛在投資人推銷她們的企業（那是推銷的時候才要做的），只是要引起對方的興趣，才能進一步約定面談（她們也有一套面談的劇本，也就是流程）。

上述表示跟潛在客戶見面，是練習的作用大於商機，但還有更大的好處：她們知道就算搞砸了今天的面談，明天也還有一場。而且她們也可以向每一位新投資人隨口提起，那天稍早或昨天的推銷有多順利，或她們有多期待當天稍晚或隔天的推銷。這樣一來，就絕對不是很多投資人已經看膩的「破產，急需現金」戲碼。

她們以前常常把投資人捧得很高，但我提醒她們，投資人也只是凡人——有時會跟另一半吵架，有時會忘了先開車庫門再倒車，有時也會穿兩隻不同的襪子。他們只是凡人。我希望貝絲與艾美跟投資人見面，也把他們當成凡人，而不是手握天國之門鑰匙的神。

以上這些能讓她們在跟潛在金主見面之前，不會緊張兮兮，不會太過擔心任何一次推銷能否順利，每次都能展現自信與自然的沉著。

運用這種策略，她們也能將爭取投資人當成一種流程，而不是碰運氣。她們不再指望眼前這一位創投家能賞識她們，願意投資，而是能更客觀看待投資人。她們當然還是有所期待，但不會對任何一次見面期待太高。

這好比找到解除壓力的開關。她們有了更多潛在金主，得到資金的機會越來越多，我幾乎可以感受到她們準備與潛在金主見面時的興奮之情。她們現在能放鬆心情，與潛在客戶相談甚歡，建立好的開始，漸漸贏得創投業者的信任……沒過多久，就有了**兩位**願意各投資數百萬澳元的投資人。

我也用類似的方法，指導ＩＢＭ的梅樂蒂。她的年薪是很高的六位數，但同樣的工作她已經做了很多年。她很喜歡ＩＢＭ的文化，但老是輪不到她升遷，所以她很灰心。

我認為問題在於，她太在意老闆的看法。她覺得老闆不想讓她晉升，大力爭取只會害自己更被邊緣化。

我建議她去找其他工作。但她不是真心想離職，只是需要與老闆談判的籌碼。她知道自己其實不想另外找工作，所以也沒有急著找工作的壓力，心情不會受結果影響。但我與她約定，如果有另一家公司願意給她高於現在百分之十的薪水，而ＩＢＭ不想幫她加薪百分之十，那就要跳槽。她同意了，也開始找工作。

她後來告訴我，要是她當時失業或即將被裁員，肯定無法這樣冷靜。她的判斷一定會受當時情勢影響。但她去應徵其他工作的時候，「並不在乎結果」。

不久之後，她收到澳盛銀行（ANZ Bank）的錄取通知。這是紐西蘭最大、也是澳洲第四大的銀行，在另外三十國設有營運據點，能提供梅樂蒂夢想的工作，薪水也比她現在高百分之十二。

梅樂蒂與ＩＢＭ的老闆見面，這是她第一次不在意老闆的看法。她對老闆說了自己的決定，但也表示ＩＢＭ願意的話可以談條件。不到一週，老闆就推薦她加入公司的全球策略團隊，也為她加薪將近十萬澳元。

不，這個故事的重點，並不是梅樂蒂運用我的推銷流程，為自己爭取到遠比以前重要的職位（但她確實運用了我推銷流程的某些元素）。這個故事和貝絲與艾美的故事很類似，也凸顯出我們內向者受到壓力時，跟「有所選擇時」有多麼不同。這個故事也告訴我們，內向者有資格不在乎時，事態又會如何發展。

系統比推銷重要

如果你覺得這是老生常談，請見諒，但貝絲與艾美的故事，凸顯出這本書最重要的道理：該重視的是系統，而不是成交與否。

很多探討行銷的書籍——應該說大部分，都主張你該用下列方式推銷：「說潛在客戶說的詞語」、「模仿潛在客戶的舉止」、「常常叫潛在客戶的名字」、「要開口要交易！」，諸如此類。

但想一想這種思維背後的邏輯，就是把重點放在拿下**這一單**，意思是：「你要是沒成交，那就是做錯了什麼，是你有問題。只要該做的都做了，就一定能吸引客戶。」

這種觀念並不正確。無論你有多優秀，都不可能每次推銷都成功。我也希望我每次遇到潛在客戶都成交，但沒人那麼厲害。

很多人對於推銷的觀念，都是叫你忘掉這次的失敗，下次再努力。你是要屠殺惡龍的騎士，或是必須殺掉真猛獁象，否則就只能挨餓的穴居人。

這些想法全都不正確，對於你我這樣的內向者，只會造成極大的壓力。我們知道自己不是外向者，已經覺得自己成功的機率很渺茫。每次沒能成交，只會對於下一次推銷更焦慮，進入了死亡漩渦。

貝絲與艾美開始安排與幾位潛在金主見面。我幫她們看看潛在金主的名單，讓她們知道每場會面都能拿到資金的機率很低，但其中有幾場，**能成功**的機率很大。

她們於是有了心理準備，知道有幾次會以慘敗收場。光是知道這一點，她們就不會太在意任何一次的結果，被拒絕也不會太在意，因為她們把重點放在改善系統。

這樣一來，她們的情緒不會起伏太大，而就算結果不如她們所願，她們也不會自卑。出問題的是流程，而不是自己。被拒絕代表「妳們推銷的方式不對」，而不是「妳們是推銷愚蠢構想的爛人」。

希望讀者也理解這一點。我在這本書想表達的，並不是成功的推銷術——對此的探討會變成見樹不見林。希望讀者能運用我提供的工具，打造類似工廠的流程，就能有一定的成功率。我們重視的是製造小玩意的機器，而不是個別的小玩意。我們在意的是系統，而不是推銷的結果。

用另一種方式形容，我們是在進行一連串的實驗，就像真實世界的科學實驗，要重複一連串的步驟，其他條件維持不變（代表每次都一樣），只改變一個變因。每次改變一項條件，看看對結果有何影響。一旦結果更好，就將同一實驗重複數次，以確認結果。

你打造自己的推銷系統，也要採用同樣的方式。在多次推銷中，每次改變流程的一部分，無論是笑話、故事，還是問題，看看成功率是提升或下降。你的顧客、市場還有事業一直在變動，所以推銷流程也要改變。

科學研究人員並不會因為失敗就失去信心，這不代表他們不夠格做研究，只表示這次實驗不成功而已。他們調整變因，再次努力。愛迪生（Thomas Edison）想發明長壽的燈泡，他曾說：「我沒有失敗過。我只是發現了一萬種不管用的方法。」

你很幸運，因為我已經發現了至少這一種有用的方法。

信任的重要性

用不著我跟你說，你也知道基本的信任有多重要。

只是我還是說了。

你當然會知道，大家都知道。但我們向別人推銷，往往只顧著跨越鴻溝，卻忘了要先搭橋。

任何一棟建築物，最重要的元素莫過於地基。地基沒打好，蓋在上面的東西很快就會垮掉。舉個例子，我們內向者老是習慣省去寒暄，直接談正事。我爸也是內向者，他說：「別人跟我講話要是可以拿掉廢話，直接講重點，那就太好了。」（幸好他是受雇於人，不是自己經營企業。）

我們常常一看到問題就想解決。我認識也合作過的內向者中，幾乎每一個在經營人生與事業時，最重視的都是真誠……問題是，電話另一頭的人並不知道你是這麼想的。沒有先贏得對方的信任，就算你很想解決問題，看在對方眼裡，只會覺得是一種推銷招數。你必須贏得潛在客戶的信任。

羅伯特．席爾迪尼（Robert Cialdini）博士在《鋪梗力》（*Pre-suasion*）提到，他跟著某家公司銷售第一的房屋仲介四處奔波，想知道其業績為何每個月都遠勝同僚。他與這位仲介一起拜訪幾位客戶，並沒有看出方法有何特別。那人採用的方法與流程，似乎與他見過的其他仲介差不多。所以席爾迪尼不斷發問，也說出自己的心得，仲介被煩得受不了，這才透露祕訣。

這位仲介表示，他每次見到客戶，不久之後就會說：「唉呀，我把東西忘在車子裡了。我不想麻煩您，您介意我先出去一會再進來嗎？」屋主聽見這話，通常就會把房子的鑰匙交給他……這就是他的祕訣。

仲介對席爾迪尼說，你只會把鑰匙交給信任的人。這位潛在客戶把鑰匙交給他，就等於對潛意識說自己信任他。方法簡單到不可思議，像是不可能管用，但他拿到的仲介費足以證明一切。你在本書中看到的很多方法，也同樣簡單又實用。

我帶領房屋仲介團隊時，如果有成員受邀去潛在客戶的家，那第一個該問的問題就是：「進屋前需要先脫鞋嗎？」這一句話展現了對房屋還有屋主的基本尊重。屋主的回應並不重要，重要的是讓屋主明白仲介的貼心，聽起來也很簡單。例如某位叫裘德的仲介業績不佳，某天我對他說，下次與潛在客戶碰面要是不順利，就打電話給我。後來電話響了，沒等他開口，我就說：「裘德，你低頭看看，告訴我你看到什麼。」

「唉，你要說是因為我鞋子還穿在腳上，對不對？」

他重拾在門口脫鞋的習慣，業績很快就恢復正常。再說一次，這種方法簡單到讓人很難相信，但效果就反映在他拿到的仲介費上。

接受對方的招待，也是一種禮貌。我去別人的辦公室，對方請我喝飲料，我從不拒絕，每次都接受。這看似是小事，卻能串連彼此的機緣。通常對方會招待我喝茶或咖啡。如果碰面時間是下午，我就會打趣道：「謝謝您，但我今天跟三位客戶碰面，已經喝了三杯咖啡。再一杯就太多啦！」客戶跟我都笑了，接著我又說：「如果有水，那就來一杯好了。」

我現在會直接說要喝水，咖啡擾亂我的心情，所以不喝了。我現在改喝瑪黛茶，您聽過嗎？這樣就能自然而然聊起咖啡的好處與副作用、不喝咖啡少了哪些好處，以及值不值得。我可以聊自己很喜歡的話題，客戶跟我也可以聊戒掉咖啡的趣談。

信任是其餘一切的基礎。

我從兩個角度博取信任：人際關係（建立交情）以及專業能力（可信度）。別人要是喜歡你，但覺得你恐怕沒能力把事情做好，那他會喜歡和你相處，但不會打開錢包。如果別人肯定你的才華，但不覺得跟你有什麼交情……那還是不會打開錢包。

你必須從這兩個角度打動顧客。

迅速建立交情

先前說過，「除非別人知道你有多在乎，否則不會在乎你知道多少」。再說一次，這句話是老生常談，但會成為老生常談，八成是很多人都覺得有道理。從推銷的角度看，這句話絕對成立。我當年在雪梨路推銷，站在企業主面前，就直接滔滔不絕開始推銷。沒建立任何交情，沒任何人際交流，我就代表一個商品，一個沒有姓名、沒有身份，只想成交的推銷員（喔，最重要的是他們當然也覺得我很無禮）。要是我換個方式，每次開口就像在**閒聊**……結果會完全不同。哪怕只建立一點點交情，對方對我的態度都會更好。

你打電話請老朋友幫忙，難道一開口就直接請託？大概不會。你會先問候對方還有對方的家人，會先問問近況，會問一個與你來電目的完全無關，卻能表達關心的問題。

如果是初次見面，那最好不要問候對方的另一半，免得馬上變尷尬。也不必問候對方的身體健康，否則會顯得矯情。重點是要提問，或說句很好聊的話，引出對方的回應。從最基本的層面看，要讓對方潛意識感覺到，你願意問與你的來意完全無關的問題，更重要的是，你也願意傾聽對方的回應……那也許，只是也許，你就不是一個追著他們錢包跑的貪財推銷員。也許你是個正常人。也許你會願意聽完他們這次說的每一句話。

你該如何打破冷場，開始推銷，而又不顯得……呃，急著推銷？以下是我多年來使用，或指導別人使用，能拉近距離的開場白：

- 交通（你在第一章看過了）：「哇，抱歉我遲到了幾分鐘。這城市的交通真是越來越糟糕，你說是不是！你從這裡回家要花多久？」
- 地理位置（如果是透過電話聯繫）：「我看了你的LinkedIn檔案，原來你在（某城市）？我以前也（住過、去過、路過、讀過，或認識的人住過）那裡。是不是真的像大家說的那麼好？」
- 天氣（向來是個好開場白）：「哇喔，今天的天氣是不是很（熱、冷、好、爛）？我記得去年沒那麼嚴重，你說是不是？」
- 上個假期：「你的（聖派翠克節、懺悔節、獨立紀念日、情人節）應該過得不錯吧？」
- 即將到來的假期：「真不敢相信這麼快就要到（五月五日節、感恩節、節禮日）了，你說是不是？你有什麼精彩的活動嗎？」
- 如果是在別人的家中，就說：「哇，你家真漂亮，你在這裡住多久了？」
- 如果是零售業：「我看到你在看（某物）。你今天來是為了要買這個嗎？」（另外提醒，如果你從事零售業，那千萬別問：「需要幫忙嗎？」因為大家都太習慣跟銷售人員說「不用」，幾乎習慣成自然。）

我在雪梨路推銷的那段日子，有時候會看到企業主好不容易送走難搞的顧客，這時，我只需要說些同情的話：「你今天也跟我一樣不容易啊！」

再強調，我並不是要你把這些話背起來。而是應該想兩、三句能拉近距離的話語，要能讓你自然說出口，而且不但對你有用，更重要的是能打動你的客戶。

你只需要問一個個人（或能拉近距離）的問題，就不再是沒有姓名、沒有身份的推銷員，而是一個活生生的人。我們喜歡消費，但不喜歡被推銷。你若希望對方不要把你當成推銷員，而是當成顧問或專業服務的提供者，首先就要把額頭上「推銷員」的標籤拿掉。要讓潛在客戶知道，你並不是只想推銷的人。

你可曾造訪過語言不熟悉的國家，或至少跟語言不通的人相處過？我有個朋友某次去泰國，他站在一群人當中，但那群人用泰語聊天，沒有理他。他們並不是無禮，只是把他當成稀奇古怪的東西。我朋友這時講了一句不太流利的泰語，那群人的態度立刻改變，彷彿第一次把他當成活生生的人。

你跟別人拉近距離時，就是這種情形。你不再討人厭，也不會引發衝突，而是活生生的、會呼吸的人。你讓人覺得友善，化解對方的自動防禦機制。還記得二十一歲那年的某個週六晚上，我為了要跟一群朋友出去，所以特地到服飾店，想買一件適合盛大場合的上衣。（我很討厭買衣服，但我有幾位朋友是健身狂，我想打扮得跟他們一樣好看。他們穿十塊錢的T恤，看起來就很稱頭。我可不行。）有位店員特別關心我，也給了很可靠的時尚穿搭建議。他解釋哪些衣服適合我，哪些又不適合。看見喜歡的衣服，他也會幫我找能搭配的品項，告訴我為何能搭配那件挑好的衣服，並一再告訴我，我穿出去會有多自信。他幫我搭配的幾套衣服真好看，我穿著也感覺更有自信了。我心想，**終於找到信得過的時尚顧問**。我走進那家店，本來只是要買件上衣，結果總共花了三千澳元買衣服。

這就是信任的力量。

你不能怪別人時時戒備。我們一天到晚被行銷訊息轟炸，從手機到Google搜尋再到收音機，甚至是電子閱讀器，無一倖免。大家都想賺錢。此外，我們還得提防自稱是奈及利亞親王的詐騙信。你也聽過那句老話：「聽起來美好到不真實，那就八成有問題。」每個人都小心翼翼，也該小心翼翼，所以爭取信任才會如此重要。

只要你的出發點是正當的（也絕對該是正當的），那就能提供大家需要或想要的產品或服務。大家使用你的產品或服務，生活應該會更輕鬆，也能解決問題，能賺錢、能省錢，或能有某些好處。你想要與眾不同，但也想讓潛在客戶知道，你只是個正常人，不是想抓了他們的錢就跑。你並不是要騙走他們辛苦賺來的美元、歐元、日圓，反正不管什麼元。你只是想知道他們的現況，與你所能提供的是否契合。

能與潛在客戶相處融洽，爭取基本信任的目標就達成了一半。再說一次，你的推銷方式，應該要適合你的個性與身份。你做生意，不應該覺得需要騙人、必須不真誠才能成功。我目前賣出的產品與服務，價值累積起來是天文數字，但我沒有一次覺得自己不真誠。

關鍵在於與潛在客戶相處融洽，讓他們覺得你可信。

迅速建立可信度

這本書的目的，並不只是要傳授挨家挨戶推銷，或是電話推銷的訣竅。內向者運用我的系統之後，如果能克服這些最困難的狀況，那遇到較好處理的狀況，也可以得心應手。

以前顧客想知道一家公司的資訊，多半要依靠推銷員。但現在很多精明的買方，不必先接觸賣方，就可以直接上網做功課。勤業眾信聯合會計師事務所的Digital 2015調查發現，有七成六的買方，在還沒踏進實體門市前，就已經與品牌或產品產生了互動。現在的行銷可不好做。

潛在客戶覺得自己了解你，也了解你的產品與服務……但他們真的了解嗎？他們真的做了功課，知道你在哪些地方比競爭對手更強嗎？我不敢保證。

貝絲與艾美雖然有「產品」要推銷，但接觸創投業者的還是她們自己。她們不應該認為，眼前的人已經將她們研究得相當透徹。說不定對方根本沒研究，所以她們不能靠行銷建立信譽。

我對你也是同樣的假設。如果你已經有個很理想的行銷系統，那太好了，你就更能運用在本書學到的東西。但你也可能有個很爛的行銷系統，或根本沒有。（如果根本沒有，那也不必絕望。有時候有個爛的比沒有還慘。）為了方便討論，我們先假設你完全沒有行銷，所以你無法憑藉行銷建立信譽，也無法靠行銷爭取潛在客戶的基本信任。

大多數人都會忽略這個階段。我們很熟悉自己的本業、提供的產品與服務，以及自己的服務價值，所以常常忽略了要向潛在客戶好好介紹自己。但你大概也不想自吹自擂。跟別人講你能展現的價值，確實很像在自吹自擂，但你必須假設，辦公桌或電話另一頭的人，無法立刻看出你的價值。在他們眼裡，你只是個商品，直到你能證明自己不只是個商品。

我曾與職業講者吉姆．卡莫（Jim Comer）合作。他就有這種常見的問題。他很擅長與人拉近距離，也能引導對話，卻無法讓人肯定他的專業能力。他以為每個來電的潛在客戶，都很清楚他的專業背景與能力。

他與潛在客戶談到報價的階段，常聽見對方說：「哇，那比我找的那個誰高太多了。」他一聽就生氣。在他看來，潛在客戶看不出他的價值。我是說，他可是替喜劇演員瓊．瑞佛斯（Joan Rivers）與藝人包柏．霍伯（Bob Hope）寫過文章，在《紐約時報》與《華盛頓郵報》寫過專欄，還在成千上萬名觀眾前登台演說數百次，並與《財星》五百強企業合作將近三十年的人。他戰功彪炳。

問題是，潛在客戶不知道這些。他們上一個找的，可能年齡只有他的一半，演說經歷只有三次。但吉姆沒能讓潛在客戶知道，他的價值高於競爭對手。

潛在客戶被他的報價嚇到，並不是他們的問題，而是吉姆的問題。

但要如何介紹這麼多經歷，又不讓人倒胃口？吉姆與我合作，打造了一套適合他的、比較低調的自我介紹。我們要介紹他的豐功偉業，又不顯得他在自吹自擂。

我不能把吉姆完整版的自我介紹公開，但大致的內容是：

（首先是一段拉近距離的開頭）我一直想知道別人是怎麼找到我的。是不是看到我在全國汽車經銷商協會演說的 YouTube 影片？那是我的得意之作：現場有兩萬五千名聽眾，我上次看到的分享次數已有六萬五千次。

潛在客戶是怎麼知道他的，其實不重要。這個問題只是藉口，真正目的是要講個故事，證明他並不是在地方上的見面會，賺取微薄收入的那種講者。他打的不是次級的職棒聯盟，而是大聯盟。

我曾與史考特這位顧問合作，他更是明確展現了自己的實力。他先與潛在客戶稍微聊聊，再介紹這次見面的議程。問了幾個問題之後，他對潛在客戶說：「我想跟你聊聊我合作過的幾位客戶，他們跟你很像……」

等談到價格的時候，他說道：

好，我大概知道您的需求了。看來由我來服務您很合適。不曉得您有沒有看過我在網站上的這段介紹：我有幸與各產業的高端客戶合作，包括微軟、梅西百貨、保時捷、星巴克等等。能結識這一群與眾不同的菁英，與他們合作，真是人生一大樂事。

他只會講一分鐘左右，但會特別強調，他曾與頂級階層合作。潛在客戶就會知道他做事認真，也備受合作的專家尊崇。

史考特以前與潛在客戶見面，並不會介紹他過往的履歷，所以就跟吉姆一樣，一報出高價，就得到類似的反應：「哇喔，我真是入錯行了。」「喔，呃，好。那能有什麼保證嗎？」最慘的是「好，我考慮一下再回覆你。」最後一句總是會演變成沒完沒了的語音信箱與電子郵件往返，折騰了半天就是不成交。天哪。

後來，史考特一開始就拿出自己的資歷，即使他的要價仍然超出對方的預算，對方的回應也截然不同：「哇，我真希望有錢能聘請你！」或是「喔，這個價格很合理，只是稍微超出我們現在能負擔的範圍。」或是「好，我來想想辦法，再跟你聯絡。」他最喜歡的是：「（低聲說）兄弟，我真的想聘請你。」

他也更常聽見他想聽見的答案：「太好了，就這麼辦。」「很好，你有合約可以讓我看看嗎？」或是「好，我跟我的伙伴說，勸他們也同意。」

你看出差異了嗎？他們從懷疑**這傢伙真的值那麼多錢嗎？**變成**哇，這傢伙有真本事！我要是有錢能聘請他該有多好！**潛在客戶有過往資歷可以參考，就能訂出你該有的價值，而不是依據通常錯誤的觀念，認定產品或服務值多少錢。

是，我知道害羞文靜的人，往往不喜歡吸引別人的目光，尤其是以外在的舉動吸引別人的目光。你不需要站在肥皂箱上，細數自己了不起的成就。你只需要想辦法稍微提及你的專業經歷。要馬上提出來，但也要有技巧。

- 寄給潛在客戶一些東西：「我怕忘記，所以麻煩您給我電子郵件地址，我再寄給您一篇報紙文章，是介紹我們最近在市中心的會議中心的得獎設計。」
- 問潛在客戶是怎麼知道你的（就像吉姆．卡莫）。
- 提及他們在網站上看到的資料：「您大概在我的簡介網頁上看過……」
- 提及你最近見過的高層人士：「我幾個禮拜前跟第一資本（Capital One）的區域經理

見面，她認為市場……」

- 為自己稍微狀態不佳道歉，因為你才結束長途旅行，或是才搞定一個大案子。

再說一次，你不需要把完整的履歷背給對方聽。你只需要強調，你絕對不會削價競爭，你的能力足以勝任，你是專業人士，而且你沒有急著成交。

推銷不必暗地算計

我的推銷方法，並不是照抄成功人士的方法，而是了解他們如何推銷，又為何推銷，你才能轉化為適合自己的市場的方法。

還記得老是忘記脫鞋的袠德嗎？他很擅長與潛在客戶拉近關係，也能展現基本的專業能力，但之後卻很難成交。潛在客戶與他相處，會提高戒備，緊閉心門。可是每次開始對話時，明明都很融洽，他實在搞不懂，潛在客戶怎麼會一下子就變冷淡。他認為是因為很多人根本不信任推銷員。

我陪同他推銷過幾次，也察覺到潛在客戶的冷淡。他先是與潛在客戶寒暄幾句，並介紹他的專業資歷，隨後就開始問一些深入的問題（步驟二），以了解潛在客戶的痛點。他就像稱職的推銷員，想推銷潛在客戶真正需要的東西，**也想**以最能吸引潛在客戶的方式推銷（步驟四）。

但潛在客戶並不知道這些。

他們只看到一個完全不認識的陌生人，先是想巴結自己，又想審問自己。他問起潛在客戶的企業、支出等等，全都是他們不希望競爭對手知道的資訊。為什麼要跟隨便一個推銷員說那麼多？他知道這些要做什麼？

我說：「兄弟，聽我說。他們並不是不信任你，只是你還沒讓他們信任到那種地步。他們不知道你問這些細節要幹嘛。你知道你的目的，是要幫助他們的企業獲利更多、效率更高，但他們不知道。」

我們一起想出這樣的說法：

我想問您幾個問題，跟您使用電話，還有您企業的營運方式有關，我就能依據您的回答，設計出最能滿足您需求的解決方案。這樣可以嗎？

簡單幾句話說清楚他的目的，顧客就不會誤解他發問的動機。他們不會立刻提高警覺，而會明白他只是想知道該怎麼幫他們最妥當。

同樣重要的是，他問：「這樣可以嗎？」等於是請潛在客戶允許他轟炸。潛在客戶並非被動接受他的問題，而是在潛意識參與問答時間。當然從來沒有一位潛在客戶拒絕。他們不會再覺得「被推銷」，而會覺得裘德是一位知識淵博的顧問，能提供客製化的解決方案。

更棒的是，這樣還能防範於未然，避開一個很多人都有的問題。相信你也有過這種經驗：才剛開始說話，潛在客戶就問：「這要多少錢？」你把這次見面的議程攤開，潛在客戶就會明白，他們不只是買進一件商品。這是一場諮詢，目的是要了解他們的需求，也表達你所能得到的利益，而不是推銷看看他們會不會買。

裘德只是簡短介紹，史考特則是攤開整個議程。他與電話那一頭的潛在客戶談天說笑之後，接著說：

（潛在客戶的名字），你能打來真是太好了。我等一下會簡短介紹我自己、我所用的方法，還有我跟哪些類型的客戶合作過。但我還是想先請你稍微自我介紹，說說你今天為何會來電。

這段話能發揮許多作用。第一，客戶就知道史考特做事有方法，也有能力。他很熟練類似的對話，知道該怎麼進行。第二，他能穩居主導地位。在這次的互動，史考特已經擬定了議程，客戶只要配合即可。

所以客戶可以放輕鬆。雖說最適合史考特的客戶，是喜歡主導局面的A型人格，但他發現，這樣的客戶也希望能放心把事情交給能幹的史考特處理。客戶知道史考特的能力，所以可以放心交給他。

讓劇本一覽無遺

史考特的推銷系統已經到達了藝術的境界，甚至有人對他說，他的來訪是一種享受，不只是對話愉快，也能親自了解真正的專業推銷員是如何推銷。史考特曾以為自己不會推銷，如今實力卻備受肯定。

史考特本來很討厭推銷。他之前都把時間花在行銷上，指望行銷就能奏效。每當有機會拜訪顧客，他的「策略」就只是問問題，想辦法一直聊下去，直到潛在顧客終於問起價格。

現在的他，接到顧客突然打來的電話，就能成交五萬澳元與七萬五千澳元的訂單。對他來說，這種差異非同小可。他有一套方法可以依循，就不會有「這次必須搞定」的壓力（像貝絲與艾美那樣）。第二，他現在能享受推銷的過程了。推銷不再是個必須克服的惡獸，而是表現給懂得欣賞的觀眾看。他語氣冷靜，舉止自信，對成交很樂觀，為愉快的對話打好了基礎……而客戶也能感覺到。

迪士尼經營主題樂園，也是採用類似的方法。迪士尼的主題樂園以獨特的風格向顧客強調，來這裡不是為了坐雲霄飛車，而是體驗迪士尼的魔力。迪士尼的員工是「演員」，置身在主題樂園是「登台」，置身在顧客不在的地方叫「下台」，顧客也不叫做顧客，而是「嘉賓」。

我並不是建議你扮得跟彼得潘的小仙女「小叮噹」一樣，但我想強調，推銷往往關係到潛在客戶對你的第一印象，也會影響到你們往後的關係。

要做好準備。

別讓顧客操作你的機器

你看過電影《巧克力冒險工廠》（*Charlie and the Chocolate Factory*）嗎？威利・旺卡多年來藏身在他的糖果工廠，默默生產好吃的糖果。有一天，他邀請幾位小朋友入內參觀，結果鬧得一團亂。

小朋友們很喜歡旺卡的巧克力，但到了工廠當然就不知道該做什麼。他們知道自己想要巧克力，但只有橘色小矮人（奧柏倫柏人）知道該如何操作各台機器，不斷生產巧克力。於是小朋友們搗亂，把工廠弄得一團亂。

你的推銷系統也一樣。你是為你的業務的某個方面，建立一套流程。想要有一貫的結果，就要有一貫的流程。

誰能看到流程每一次的運作？就是你。所以誰最有資格決定流程運作的方式？當然是你。

反過來說，誰最少接觸到流程？第一次接觸的顧客。所以誰最沒資格決定流程運作的方式？他們。

你要訂出一套議程，推銷的過程才能按照計畫進行。要是沒有議程，或更糟的，任由潛在客戶主導一切，你就被他們牽著鼻子走。潛在客戶最在意的，並不是你的企業，或是你的職業生涯長遠來說能否成功。你不能把自己的幸福託付給別人。你必須主導對話，要控制事態的走向，要「執行程式」。這事關你的幸福，而不是他們的幸福。

反過來說，你要是沒能主導對話……呃，那你就沒能主導對話。你等於是讓顧客走進你的巧克力工廠，隨便操作那些控制桿與設備。他們不知道如何生產最終產品（令雙方滿意的成功推銷）。那是你該做的事情，因為這是你的工廠，你的生產線。你該負責控管品質，確保流程能維持一致。

可以請客戶參觀，但別讓他們主導。

第三章

深入金礦，開採問題

該挖掘的不是資訊，而是動機：
問好問題，就能讓潛在客戶自己說服自己。
從對的路深入，巧妙問出成交的關鍵。

推銷跟醫學一樣，未診斷就先開立處方是不當行為。

——美國知名演說家吉姆．卡斯卡特（Jim Cathcart），《關係行銷》（*Relationship Selling*）

在紐約市的每個地方，幾乎都能看到攤販。他們擺好桌子、打開箱子，放好小玩意與仿冒品就開賣了。他們想吸引每一個路人。他們希望大家都買他們的東西，無論是誰都可以。

而在世界的另一頭，也就是我的故鄉澳洲維多利亞省，薩克經營一家企業教練加盟連鎖店。他這一行的人，照理說應該精明世故，但他推銷的方式卻不像裘德，倒像紐約市街頭叫賣的小販。

裘德的問題是沒有說明議程，直接進入審問模式——只差一間黑漆漆的房間，還有一盞懸掛在潛在客戶頭上的聚光燈。薩克卻是什麼問題也不問，就直接開始推銷。

他接起電話，馬上就開始介紹加盟店提供的所有課程，還有每項課程的好處、架構、價格，以及付款方式與其他資訊，滔滔不絕講一大堆。電話另一頭的潛在客戶簡直像坐在消防栓前面，被資訊淹沒。薩克說完，就等著潛在客戶說要哪一種，但對方其實只想浮出水面喘口氣。

薩克就像街頭攤販，把貨物全都攤開，讓顧客自行決定需要哪些。他不想「推銷」，不想操縱，也不想說服潛在客戶。他不想當個要拚命把東西賣出去的庸俗推銷員。他推銷的方式，是介紹自己販售的課程，其他的都交給顧客。

但電話那一頭的潛在客戶，並不真正了解薩克賣的是什麼（他們自以為了解，其實並不了解），也不清楚那是不是他們需要、想要的。顧客通常甚至連自己真正的問題都不太清楚。常有人來電，想聘請我指導他們或他們的推銷團隊，後來才知道接受推銷訓練，只能解決他們問題的一部分。例如，我只要問幾個問題，也許就會知道，他們是在飽和的市場與人競爭，該做的其實是調整自身的利基與統一的訊息。顧客往往不了解自己的需求。畢竟他們不是專家，你才是。

找到真正的問題點

相信你一定看過經濟學家希奧多．李維特（Theodore Levitt）的俏皮話：「大家不想買能打出直徑四分之一英寸的鑽頭，大家要的是直徑四分之一英寸的洞。」大家要的是解決方案，而不是解決問題的工具。

有幾位客戶對我說，他們需要推銷訓練。我說：「不對，你想要的是更多顧客。其實你只是想多賺些錢，對不對？我是說，你認真想想就會知道，多成交幾次，多幾個顧客，對你來說其實不重要。說到底，你只想提高獲利。所以我們還是談談要怎麼提高獲利吧。」

就醫是個很好的比方。說到醫學我是外行，身體要是不舒服，我只會知道身體不舒服，我去看醫生時也不會知道如何治療，該吃什麼藥，該做哪些檢查。我需要協助，但我沒有醫學專業，所以不知道需要怎樣的協助。我可以自己上網「研究」，卻可能得出錯誤的結論，誤判病情。

所以我們才要花錢找專家：醫師依據過往的看診經驗，判斷可能的病因，也繼續問更具體的問題，直到能判斷出正確病因。

你之所以背痛，說不定是腎臟有毛病。體重增加可能是甲狀腺出了問題。你的矯正光敏感也有可能被誤診為失讀症。

你希望潛在客戶對你的看法，能像我看那位替我挑選三千澳元衣服的店員一樣：**終**

於找到一位信得過的時尚顧問！你希望他們看待你，就像看待自己的醫生與會計師：是專家，能提供可靠的建議，而他們也願意完全照做。

我已經很多年沒有自稱是推銷員。我不是推銷員，我是顧問。我並不是只推銷產品或服務，而是針對客戶的問題提出建議，協助客戶實現理想的目標。我只要了解客戶想達成的目標，與客戶一起找出真正的問題，就能提出一些解決方案。

同樣道理，你也不要只處理客戶的痛點。我們往往只處理客戶的痛點，因為這樣推銷比較輕鬆。但你要是真的想有所幫助，那就要解決真正的問題。我的傷口要是很深，引發內出血，纏上繃帶只是隱藏問題，並不能止血。

你如果看過探討推銷的相關文獻，一定對這種做法不陌生。你想「探查痛處」對不對？那就要了解病因（出血最嚴重的地方），再執行解決方案（找到治療的方法）。

如果推銷能像當醫生一樣，而潛在客戶就跟病患一樣信任你，該有多好？想像一下，你一問：「哪裡不舒服？」他們就全都告訴你。

有時候顧客會全都告訴你，尤其當你做的行銷很到位。現在因為有強大的行銷，有些潛在客戶會在幾星期、甚至幾個月前就預約與我見面。我會向他們致謝，表達我很感激能有機會與他們聊聊。然後我會說，雖然我看了他們的網站，也看了他們預約諮詢的電子郵件，但畢竟過了很多個禮拜，甚至很多個月，所以在見面的前三十分鐘，我還是想先問問他們的現況，以及他們有哪些問題，哪些地方最需要協助。他們一聽就侃侃而談。

但當我挨家挨戶向小型企業主推銷電信方案時，如果他們不需要、也不想要更換方案（也許根本不在意，所以不想換），就不會透露任何訊息。他們唯一的問題，是有個滿臉粉刺、穿著聚酯纖維西裝的十幾歲年輕人，在推銷他們根本不想買的東西。

第九十三個門，是我身為「職業」推銷員第一次推銷成功的對象。那是一間當鋪，老闆說穿了就是在買賣垃圾：二手手錶、舊音響，以及二手運動器材。我走進去，心想，**我幹嘛浪費時間在這裡？這個人才不會買企業電信門號方案。他大概連公司電話都沒有。**

但我還是勇往直前。

沒想到這位企業主正想申請手機。他要的當然是最便宜的門號。我們繼續聊，我說：「這個嘛，你如果要幫公司辦手機門號，那大概也要辦一八〇〇的號碼。不然別人看到公司廣告上的電話是〇四開頭，都不會覺得是像樣的公司（澳洲的手機門號，全都是〇四開頭）。」他聽了覺得有道理。我又跟他聊了幾句，我說：「你們公司怎麼沒有網站？」

他問道：「有這個必要嗎？」

「當然有。你都花這麼多錢租下這個有人潮往來的店面了。要是有網站，你就可以向**任何一個**有電腦的人推銷！你知道網站有多好用嗎？我聽說有位先生……」然後他就向我買了一套上網方案。他想要網路，就必須有固網（當時還是撥接上網的年代），所以我也賣給他一個固網門號。

你懂我的意思嗎？他本來想申請一隻手機門號，但我問了他幾個問題，更加了解他想要跟需要的東西。我從電信公司的產品中，挑選能滿足他需求的方案，就在不知不覺中，搞定了這輩子的第一筆交易。

我要是把電信公司的小冊子拿給當鋪老闆看，對他說：「好，我們公司的產品就是這些。你要什麼？」那他就只會選手機門號方案，而我寫完合約就會離開。

我沒有這樣做，而是多問了幾個問題。他是否想過，有個電子郵件地址對他的企業會有什麼好處？他是否想過，別人可能因為不想支付打手機的通話費（當時的費率是每分鐘四十二澳分），所以不想撥打他的電話？他自己是否比較喜歡免付費電話，所以撥打過一八〇〇的號碼？

我當時不是個精明的推銷員，不知道該如何提問，才能了解顧客需求。他要是只購買手機門號方案，我就只能賺到二十澳元的佣金。我是急著想多賺點，才誤打誤撞問了幾個問題。我不小心做了對的事，最終拿到三倍以上的佣金。

傾聽，不是為了回答

內向者非常擅長傾聽。

最能道盡內向者的傾聽天賦的，是萊斯莉．斯渥德（Lesley Sword）的文章〈天賦異稟的內向者〉（*The Gifted Introvert*）。談到內向者，她寫道：

他們為了理解世事，會仔細觀察，而且未經深思熟慮，不會輕舉妄動。內向者會吸收資訊，也許會問幾個有利於了解情勢的問題。

大多數的外向者，會經常提問、發言，打斷別人，內向者不會這樣做。內向者需要時間「消化」資訊，才能回應。

問題是，我們在理解的過程中往往想跳過問題，直接跳到答案。這就是亞歷斯・莫菲的問題之一：客戶一說起自己的問題，聰明又經驗豐富的他，馬上就知道客戶需要什麼。他跳過問問題的階段，直接進入了解決問題的模式。更糟的是，他雖然有專心聽客戶說話，卻沒能同理，也完全沒有表達出理解的意思。

這與培養基本的信任有關：客戶要是不認識你，也不覺得你完全了解問題，又怎麼會信任你提出的解決方案？

第二步該做的，不只是藉由問問題了解客戶的困擾，也包括讓客戶覺得你真心想幫忙，徹底了解他們的困擾，最重要的是真正聽見他們的心聲。換句話說，只有你覺得你知道他們的問題點，那是不夠的，客戶也要知道你了解，而且關心他們。

薩克的問題在於他知道太多……我也一樣。

與當鋪老闆成交的幾個月後，我的業績陷入低迷。我向我爸吐苦水：「我真不知道哪裡做不對。」

他問道：「你剛開始推銷的時候，知道多少？」

答案很簡單：「什麼都不知道，真的是什麼都不知道。我能記得公司有哪些產品就不錯了。」

「好，那你現在知道多少？」

「唉呦，天哪，我現在全都知道啦！公司的產品我樣樣都熟悉。所以我才會納悶別人為什麼不跟我買。每一樣產品我都能介紹，我全都可以說給他們聽。」

我爸說：「那你覺得，這是不是你的問題？」

我本來覺得這說法太荒謬。但聊過以後，又不得不承認我爸說得對。我以前走進一間店，很少講到產品，只會講能如何省錢。現在我更了解產品，也就更重視向客戶介紹產品。我想把三個月學到的東西，濃縮成五分鐘的推銷。要說的東西太多了，資訊太多，選擇也太多，時間卻太短。

薩克也是一樣：他第一次跟潛在客戶講電話時，就想把十年學到的東西全都說出來。我們兩人的問題，都是灌輸太多資訊給潛在客戶，而不是只說他們需要知道的。

心理學家貝瑞．史瓦茲（Barry Schwartz）在著作《選擇的弔詭》（*The Paradox of Choice*）指出，擁有太多選擇並不是好事。一個人擁有太多選擇，往往就不會做出簡單的選擇，而是只想做出**正確**的選擇，結果反而無從選擇。舉個例子，有兩位研究員觀察了一家雜貨店的消費者。在某些日子，展示台上會有六種果醬；而在其他的日子，展示台上有二十四種果醬。而消費者看見六種果醬，消費的機率是看見二十四種果醬的**十倍**。

選擇更少，銷售量反而更多。

好，大家少買一點果醬。這不是什麼大事……但其實還真不是小事。史瓦茲提到一件遠比這重要的事，象徵了你退休之後是吃牛排還是沙丁魚。

史瓦茲有位同僚，拿到了金融巨擘先鋒領航集團（Vanguard）的資料，是參與退休計畫的一百萬名員工。他計算了數字，發現雇主每提供十檔共同基金，投資的人數就會**減少**大約百分之二。

你大概會以為很多人都重視投資，畢竟事關重要的晚年生活。但大家的選擇越多，反而越有可能完全不做決定。

薩克跟我的情況就是這樣，我們提供了太多資訊給潛在客戶，結果他們表示「要考慮考慮」或「不確定這個適不適合我」。

我不再把一堆資訊全倒給客戶，而是改為問有意義的問題，仔細傾聽潛在客戶的答案，提供一、兩種選擇，只說客戶需要知道的，才不會讓選擇太複雜。這樣果然有效，業績立刻回升。

我也依據自己的經驗，幫薩克解決業績不佳的問題。他不再把課程全都介紹給客戶，而是退一步思考，先問：「你遇到的問題是什麼？」以及一開始打電話來的原因是什麼？他們認為（或是希望）薩克能解決的問題是什麼？

他的業績於是提升了。

找出問題的規律

如果你做生意已經有段時間，那應該常常聽見同樣的問題。但我們還是從最難解決的開始：你才剛起步，還沒跟半個客戶聊過，也不知道該問些什麼。

我十四歲那年就遇到這種狀況，只是我當時並不是要推銷產品，而是想買電腦。我爸媽沒錢買給我（一台要幾千澳元，我家並不有錢），所以我想乾脆用在麥當勞打工賺來的錢，自己組一台。我看著分類廣告，發現一樣的東西在很多店家的價差很大。我想知道原因，於是打電話給一家大型商家，詢問能不能以某個金額買到一個零件。

「孩子，不行，我進貨價都不只這樣。」

我看著另一家商店的廣告，說道：「喔。呃，那，我覺得我可以。那我……那我要是能用比你便宜的價格進貨呢？我可以拿來賣給你嗎？我不要全部的價差，只要……只要一半怎麼樣？」

喀嗒。

他直接掛電話。是，我這個內向者很受傷，但我更想要電腦。就是因為太想要，所以蠢到不知道我想做的事不可能成功。也許我只是太固執——十幾歲是出了名的又蠢又固執的年紀。

我這個電腦迷寫了兩張清單，一張是零件價格較便宜的商店，另一張是零件價格較高的商店。我打電話給各家商店，想實現我的計畫。

十四歲的人是藏不住自己的聲音的，我顯然是小孩，也顯然是個神經病。哪個十幾歲的人，會以為自己能用比合法商店更便宜的價格，買到電腦零件？接到電話的幾個店家八成會以為是詐騙。畢竟，誰聽見十幾歲的男孩說：「呃，你想買比較便宜的電腦零件嗎？」會當一回事？我知道自己成功的機率有多低。

但我一家一家打電話，卻發現不同的問題會得到不同的答案。我開始留意讓他們感興趣的問題。對話也從「小朋友，你是說真的嗎？我還有正事要做」逐漸變為「對啊，我公司的業績好不好，確實要看我零件的進貨價有多便宜。是啊，我也希望能更便宜」。

我打到大概第四十通電話，經過一番摸索（也就是實驗），整理出一些有意義的問題。只要按照某種順序問，客戶就會更有興趣，更樂意參與。

我大概打了五、六十通電話（你就知道我多想組電腦），才終於有兩位經理願意賭一把，與我分享差額。我那一半的差額，是當作購物抵用金在店內使用。我拚命努力，短短幾個月就在兩家商店累積了足夠的購物金，能換取組電腦的所有零件。

（後來我就沒做這個生意了。我忙著玩新電腦，沒空賺更多錢。誰知道呢？說不定我會成為澳洲版的麥可・戴爾〔Michael Dell〕，他當年就是在爸媽家的車庫組電腦。我真是個傻孩子。）

說到底，這兩家公司願意給我機會的關鍵在於：

- 我問了合適的問題
- 問問題的順序正確
- 直指他們的困擾
- 讓他們明白，我理解他們的需求

我按照正確的順序問問題，就得到了人生第一台電腦。

當我在為我創辦的企業訓練學院「波勒學院」（Pollard Institute）設計一套推銷流程時，我認為，既然我們開設的是企業課程，那問問題的過程就不能有既定的劇本。畢竟這次的推銷很複雜，潛在客戶是來自各行各業、各種產業。但我很快就發現一種規律：某些問題能讓潛在客戶更感興趣，更願意參與，成交機率也因此更高。八、九個月後，我心想，**我真是大錯特錯**，結果我還是寫下一連串該問的問題，交給推銷團隊。之後，銷量大增百分之三百，從此我再也沒懷疑過問題的力量。

問該問的問題

我聽很多人說過：「喔，我得問問題才行！要讓顧客知道，我想了解他們的困擾！」

然後他們就一直問……一直問……一直問。

他們就像是漫無目的地在問，為問而問。最後搞得顧客不耐煩，也浪費時間。要怎麼知道該問什麼？一連串問下來，誰知道會聊到哪裡，又該如何整理出問題的架構？這個嘛，首先，你要準備好一套問題，而不是隨便亂問。你問的都是精心準備的問題，多半也能將潛在客戶拉回推銷的正軌。

我設計了一連串問題，給我的推銷團隊用。首先要對顧客說：「我想先請教你幾個問題，再談談我們能提供您什麼樣的服務。接著，我就能完全為您量身打造解決方案。你說這樣好不好？」

沒人聽見這些會說不好，誰都想要為自己「量身打造」的東西。先前說過，誰都希望你認真聽他們說，誰都不希望自己只是另一個數字、另一筆銷售。而且我們是客客氣氣地徵求他們同意才繼續進行，並不是硬要推銷，把一堆資訊嘩啦啦倒給對方，又逼著他們簽字、簽字、簽字。我們是被動的，是輕鬆的，而且扮演了諮詢的角色。我們內向者就是這樣。

對於薩克來說，他的第一個問題很簡單：「你們公司目前最大的問題是什麼？」

我告訴他，等他聽完對方的答案，就說：「我不能幫你解決甲或乙，但丙我應該可以幫上忙。我們先聚焦在丙好嗎？」

我的意思是說，如果客戶的問題之一，是另一半不希望他們花這麼多時間經營企業，那除非你是婚姻顧問，否則你應該沒有產品或服務能幫上忙。不要承諾幫人解決你解決不了的問題。（不過你在介紹產品或服務的好處時，倒是可以提到潛在客戶的問題。花太多時間經營企業只是表面上的問題，背後可能牽涉到更大的問題，例如缺乏系統，或時間管理不佳。）

薩克接下來會問：「這是哪一位的問題？是你嗎？還是你的員工告訴你他們有這問題？」

如果是潛在客戶認為有問題，代表他們比較有可能花錢解決。如果是他們的員工反映的問題，那他們可能沒那麼願意花錢，除非他們意識到問題很嚴重，可能會引發員工離職潮，那樣損失可大了。

我們的合作告一段落，薩克的推銷流程已經比這個稍微複雜一點了，但這些問題給了他基本的框架，他可以以此為基礎，進一步完善他的一整套問題。他準備得越充分，就更能使用決策樹（decision-tree）流程：客戶回答這個，他接下來就問問題二，但客戶若是回答那個，他接下來就回答問題四。

了解客戶的需求，就會知道該給他們什麼建議。更理想的是，他還能說明為何這完全適合他們，以客戶的回答作為起點，進一步說明他的建議能帶給客戶的好處。

你應該還記得，吉姆．卡莫面臨的問題，是客戶嫌他的價格太貴。我們幫他設計出類似下列的一套問題：

- 客戶與前一位講者合作的經驗如何？對那一位講者滿意嗎？
- 他們希望跟吉姆合作，能有哪些相同或不同的經驗？
- 他們要賣票嗎？
- 會錄音或錄影嗎？
- 他們是社團還是非營利組織？
- 他們希望這次的研討會能達成什麼目的？
- 他們希望達成什麼目標？
- 他們是否邀請了不只一位講者？
- 他們研判有多少人與會？

由於潛在客戶回答了這些問題，他後來就能解釋，為何自己最能滿足他們的需求（間接說明他的要價很合理）。

這種辦法對他很管用，但對你呢？如果你的企業跟吉姆的截然不同，該怎麼辦？如果你正在創業，馬上就需要一套問題，該怎麼辦？以下是你每次都應該問的四個基本問題。運用這些，針對你的潛在客戶設計出一套問題，引導他們告訴你成交所需的資訊。

1. **他們需要什麼？**不要直接問：「你要什麼？」那是你應該在內心思考的問題。你應該要知道他們想要什麼、需要什麼，才知道該推銷什麼。
2. **他們現在怎麼處理這個問題？效果如何？**你不會想提出對方曾經採用或正在採用的解決方案，因為這樣說了也是白說。要了解情況，才能提出解決方案。
3. **這是誰的問題？**你必須知道，是誰認為這需要解決。如果跟你談的這個人不覺得這是問題，那他感受到的困擾，會遠不如親身受影響的人。簡言之，客戶究竟認為這個問題有多嚴重？
4. **該問題對於他們的財務、機會，或個人生活影響多大？**這個提問是兩面的。其一，你想知道他們有多痛苦。但從另一個角度看，這個提問也能點出：你希望對方能明白問題有多嚴重（往往比他們想得更嚴重）。

但要是他們不想告訴你問題在哪裡，該怎麼辦？更糟的是：他們根本不覺得那是問題，又該怎麼辦？

讓陌生人願意傾訴

我們在波勒學院專攻一種客戶：技工，例如電工、水管工，以及其他承包商。當我們問：「你現在遇到什麼問題？」他們可能不當回事，也不會回答。我覺得也不能怪他們，誰要對著一個想推銷的陌生人吐苦水？

有一次，我遇到一個根本不承認自己遇到問題的水管工，他表示一切都很好。我對他說，我這個月遇到另外三十個水管工，他們都碰到同樣的三個問題。他說：「喔，他們這麼說啊⋯⋯是啊，這些問題我也有。」然後他就像山洪爆發，滔滔不絕說起了他遇到的其他問題。

舉個例子，很多承包商都有個問題，就是員工完成工程後，並不會清理顧客的家。這個問題有點討人厭，但沒有人會因為問題討人厭，就出手解決。我該做的，是讓他明白，員工訓練不佳會造成他多大的損失。我要讓他感受到損失的痛苦。

我說：「我們來看看他們不清理的後果。你是每一次都叫他們回去清理，還是你自己回去清理？」

他說：「不一定，但常常是我自己清理。」

我說：「是你去善後的客戶比較常推薦你，還是他們第一次就服務好的客戶比較常推薦你？」

答案很明顯。

「好，那你去善後了多少次？一個月大約十次吧？這十個客戶有幾個會推薦你？三、五個吧？很好。那你的員工做多少案子？一個禮拜十次，跟你一個月做的一樣多。好，那他們做十次，有多少客戶願意推薦他們？」

他說：「大概是……呃……一個？」

我讓他自己稍微想一想。

「那我們算算看。同樣做十次，至少有三個客戶推薦你，有一個推薦他們。所以你就少了至少兩個推薦。其中有幾個推薦最後會轉化成委託，每個委託的金額大概是多少？」

他計算過後，發現他一年錯失的推薦，就等於損失幾十萬澳元。問題突然就從訓練員工要花多少錢，變成缺乏訓練會害他損失多少錢！

我們把他的問題，分解成我們先前討論的三種成本：

1. **實質成本：**請他的員工回到工程現場清理，所需支付的薪資。
2. **機會成本：**他的員工沒有得到該得到的推薦（因為沒受過訓練，不懂要求客戶推薦，而且一開始就沒把工作做好），導致他沒能賺到的收入。
3. **個人／情緒成本：**有一次他不得不錯過女兒的獨舞演出，因為生氣的客戶要他去清理工程現場，他怕失去客戶，只能前去。

分析完以後，他發現他的問題很大，而且不容忽視。幸好有人問了該問的問題，他才能意識到他有問題。

第四章

問清資格，找對的人

再多努力，都比不上找對對象，
談對人，才能做對事。
想避免無效推銷，資格審核不能少。

這些不是你要找的機器人。

——《星際大戰》

我在新聞通訊社跟她談了將近一小時。她很有興趣，知道能省多少錢，我也看得出她願意簽字。我伸手拿文件，她說：「好，聽起來都很不錯。我們老闆在後面。我去找他。」

她走到走廊的另一頭，探頭進辦公室問：「比爾，你想不想節省電信費？」

我聽到兇巴巴的聲音：「不想。」

「好吧，」她回到前台，對我聳聳肩說：「他沒興趣，抱歉。」

我推銷的對象想買，卻沒資格作主。

現在回想起來，問題再清楚不過，但我那時還不知道。有人願意聽我說，我就高興到不行，卻沒有停下來想想，到底有沒有找對人。

十幾年後，我又犯了同樣的愚蠢錯誤。

我的電話響了，是某個同業公會的會員打來的，想談談邀請我演說的事。當時我在美國的演說與教練事業才剛起步。我的教練課程推銷流程，經過屢次接受客戶詢價的摸索（一樣經過幾次實驗），終於成功了。但我還沒發展出演說邀約的推銷流程，仍是用我的基本流程。我用即興發揮的推銷，就足以吸引他。他想邀請我演說，我聞到即將成交的氣味，等著要把合約用電子郵件寄給他。但我太高興了，而且更重要的是，我沒有嚴格遵守自己的流程，忘了第三步：我沒有確認他是不是最終決策的人。

我在此先暫停說一下——我常告訴別人一定、一**定要**把七個步驟寫在紙上，放在電話或電腦旁邊。如果我有按照自己的建議，在接那通電話時，眼前有這七個步驟的大綱，那就不可能犯這種錯誤。

他說了一句讓我不寒而慄的話：「好，我覺得你是非常合適的人選。我先跟我們公司的執行董事報告，再跟你聯絡好嗎？」我馬上發現自己犯了錯。

我最後當然沒能拿到這份工作，要是我事先確認對方有無資格作主，知道他並不是主要決策者，就會用完全不同的方式處理那次對話。我不會著眼在成交，而是會想辦法與他的老闆見面。我還是會爭取他的好感，也會希望他認為我是「非常合適的人選」，但我會強調，還是有必要跟執行董事見面談。

我要是早知道，就會說些類似這樣的話：「我在業界的經驗很豐富，不像很多講者只講同一套，我每次都為聽眾量身訂做內容。我想為貴單位的聽眾訂做最好的演說，而且不會超出貴單位的預算，所以在報價前，在確認接下來要怎麼進行之前，我還是想先跟貴單位的執行董事談談。預算多少對我來說通常不是問題，但我最在意的，是留給聽眾能回味多年的回憶，而且有具體、實際的作用。」

與我聯繫的這位先生是跑腿的人，不是扣扳機的人。我不能在場表達那些，只能委由他幫我推銷。他的老闆看著候選講者的名單，而我只是名單上的一個名字。最後他們選了別人，我敢說，他們最後選的講者，一定有拜託看門人帶他到能作主的人面前。

我在新聞通訊社的經歷，是將整個推銷過程，託付給在前台賣報紙、賺取微薄薪資的人。沒人比我更會推銷自己的專業，何況對方只是個蒐集資訊、再向老闆報告的中間人。我在這兩個狀況的問題，都是沒有直接找有權作主的人談。

跟我談的是……可怕的看門人。

繞過看門人

有些人有指定的看門人，例如接待人員、祕書、執行助理，甚至還有數位看門人，例如電子郵件過濾器以及語音信箱。

話又說回來，有些人卻是在不知不覺中扮演看門人。在挨家挨戶推銷的那段日子，我走進一家商店，就對店員說：「我是奧茲康公司的，請問您想改換門號方案嗎？」店員當然會說不想。無論層級多低，幾乎每個人都有權不讓推銷員接觸老闆。

更糟的是，他們可能怕失禮，所以坐下來跟你談，還談得非常細，然後叫你提案。我猜得到亞歷斯．莫菲那三十頁的企畫書都還沒寫，就注定會被扔進垃圾桶的機率有多高。

我向那名新聞通訊社的祕書推銷了一小時，是打動了她沒錯，但終究沒能成交，後來我把問題直接改成：「嗨，我叫馬修，是奧茲康公司的。我們公司現在在這一區推出新的優惠方案。請問是向您介紹嗎？」

換成這種問法，問題就從「我可以向你推銷嗎？」的意思，變成「你是作主的人嗎？」這樣問，對方就不會像對待其他上門的推銷員一樣，想都不想就自動拒絕，而是啟動他的另一種預設決策：**我不知道這傢伙要做什麼，還是讓老闆作主好了**。我不必浪費時間與在前台烤麵包的人談，而是由他牽線，跟在後台做麵糰的人談。

幾年之後，我要推銷波勒學院的課程。我給電話推銷員的劇本，開頭是：「嗨，我想通知您一個新的教育課程，有助於提升貴公司的生產力。請問是向您介紹嗎？」

如果他們是看門人，那十之八九會說：「呃，不是跟我介紹。你應該找（名字）談。我看看他在不在。」就算看門人不直接帶我們去見作主的人，我們下次拜訪，也會知道該找誰。

我們的成功率（以客戶預約量計算）大增，高於業界平均。我們推銷的對象變少了，預約的客戶反而更多……這自然就引出了內向者推銷優勢的另一項基本原則。

別再浪費時間

你想要更多顧客，誰都想要更多顧客。吸引更多人走進你的門（無論是實體或數位）都會增加銷量。推銷員都知道只要繼續敲門，繼續接電話，或是繼續開發潛在客戶，遲早會成交。

看看我就知道了，像我這樣穿著廉價西裝的蠢笨年輕人，挨家挨戶推銷也有成交的一天。我記得吉格．金克拉說過，你把名片綁在狗身上，讓狗跑到市區去，遲早會有人打電話給你，你就會成交。遲早會有。我認識的業務經理，都像被洗腦的無人機，老是把業界的口頭禪掛在嘴邊：「這是數字遊戲，這是數字遊戲。」

呃……其實不是這樣。

看我在波勒學院的電話行銷就知道，我們的目標並不只是盡量多接觸人，而是要找對的人談。我們想把時間集中用來經營更少的人。

舉個例子，我要是去足球俱樂部，一一向現場一千人推銷，一定至少會有一人是想接受訓練的企業主，成交率會是一千分之一。但我要是向九十三家企業推銷，成交一家，那我的成交率會是九十三分之一。你想要哪個？向一千人推銷才成交一個，還是九十三人？

但很多人還是只想更努力：花錢買更多臉書業配文，打更多電話，花更多錢做廣告，寄更多小冊子，增加郵寄名單，造訪更多企業，強化自家網站，參與更多能擴展人脈的活動，擴大經營範圍，反正就是越做越多。

也有些人覺得做這些太費力，所以乾脆什麼都不做（回到《選擇的弔詭》這本書）。

你想強化生產線，即以更少實現更多：更少力氣，更少原料，更少耗電，更少浪費，更少工時。大多數像我們這種內向者，寧願肚子挨一拳，也不要沒完沒了的一個個推銷，大多數人還沒聽我們說第二句，就會拒絕。我們要盡量減少陌生的推銷對象的人數。

我們推銷，不是要做更多，而是要做**更少**。

對祕書要客氣

第三步（確認資格）就是要做得更少。我們要向最少的人數推銷，而且要成交最多。

儘管如此，我們還是要跟看門人打交道。

別忘了，看門人能決定你能否接觸到決策者。你希望跟他們打好關係，就像你也希望跟最終決策者打好關係。你想盡量了解決策者，以及眼前的狀況，那你得打動看門人，這些訊息才可能轉達給決策者。看門人，無論是接待人員，還是隸屬營運長的銷售經理，他們可能會轉發你的郵件，轉知你的來電……也可能直接扔掉。他們要是站在你這邊，說不定還會幫你美言幾句。

所以，你雖然終究想找決策者談，但有時也要從看門人開始推銷，尤其是自己找上門的看門人。例如那位同業公會的先生來電，我不能直接說：「我說啊，你又不是作主的人，還是請你老闆打給我吧。」講這種話完全不可能合作。

簡言之，要先說服他們安排你跟他們的老闆見面。看門人負責蒐集資訊，但也有一些他們無法回答的問題，所以要告訴他們，你打算將產品與服務打造成完全符合他們的需求。

千萬不要急著成交（反正他們也作不了主）。最重要的是，看門人也許自有盤算。他們可能覺得老闆要的東西，會害自己工作不保，或有損自己的地位。

你只要知道自己是在跟看門人說話，就能專心追求真正的目標：接觸到決策者。你不會想要讓看門人成為你的代理人。

為什麼這是第三步？

如果你一直仔細讀這本書，你會發現在我說的許多故事裡，確認資格都是第一步。首先要搞清楚，你有沒有找對人談。

那我為什麼把確認資格，列為我推銷過程的第三步？

第一，只有在最直接的推銷場景（基本的陌生開發，例如電話推銷以及挨家挨戶推銷），你才能迅速繞過看門人。而在大多數的推銷場景，你必須先打好基礎，才能問：「請問最終決策的是您嗎？」像是銷售經理聽到這種話，就算最後作主的確實是她老闆，但她也會很生氣。在汽車經銷商，做丈夫的即使真的是由妻子掌管財務，聽見這話也會不高興。在複雜的推銷情景，例如推銷企業軟體，你可能要經過幾個管理階層，才能接觸到最高層。

因此要先打好關係，問該問的問題，再開始確認資格，你的推銷才不會還沒開始就結束。確認對方的資格，你就能判斷是該繼續推進到成交階段，還是該由別人作主。

我在寫這一節的時候，跟一位經營百萬澳元的排毒茶企業的先生聊得很愉快。他找我是想增加線上銷量。我們說起很多線上公司，都是將品牌與一個人劃上等號。人喜歡跟人買東西，不喜歡跟沒有個性的公司買東西。臉書有祖克伯，蘋果有賈伯斯，前進保險公司（Progressive）有Flo，維珍集團（Virgin）有理查・布蘭森（Richard Branson）。

我說：「我們如果要用一個人的形象，打造你公司的品牌，那這個人會是你還是別人？」

他說：「喔，不是我，我太太比較合適。第一，她比我好看，而且第二，她超重視營養，也很喜歡跟別人分享她的經驗。」

他一說太太適合當代言人，我就知道這個構想也需要他太太認同才行。換句話說，我發現這次要能成交，還得搞定另一位重要的決策者。我的方針就從向他推銷，變成說服他願意讓我與他的妻子通電話，我才能向他們兩位推銷。

我還記得那時跟他說笑，我說：「看來她是最佳人選，但大家要有共識才行。我覺得我們三人應該見一次面，談談接下來要怎麼進行。而且如果你跟我一樣——要做這種跟太太有關的決定的時候，我絕對要先徵求她同意！」

他是個聰明的丈夫，認為我的話有道理。

「符合資格」的吸引力

「確認資格」還有另一項好處。

了解到要找對的人談不久後，我又學會了該如何一石二鳥。我知道如何呈現出顧問的形象，又能接觸到決策者，只要說出這段話：「嗨，我叫馬修。我是奧茲康公司的。我想介紹我們公司在這一區新推出的優惠方案，也想看看貴單位是否符合資格。請問是找您談嗎？」

誰都喜歡符合資格的感覺，喜歡得知自己有資格加入俱樂部、有資格申請、有資格加入核心集團，總之就是有資格參與。加入確認資格的環節，你的產品與服務就多了一種獨特性。甚至有潛在客戶對我說「我對進修沒興趣」，或是對於更換電信公司、企業教練，以及我推銷的任何東西沒興趣，「但我想看看我符不符合資格」。最後他們簽了約。

無論是人人都符合資格（就像我推銷的電信方案），還是只有少數人符合資格（例如萬事達黑卡）都無所謂，任誰都喜歡「我夠格」的感覺。

至於你的推銷流程，我並不是叫你跟每一位潛在顧客說，他們可能沒資格與你合作。如果可以，原則上應該是讓他們明白，他們可能「不夠好」到能與你合作的程度。

這裡的重點，是「跟鄰居互相較量」的心態，還有「唯恐失去」這種最基本的心態。我們超討厭失去。不斷有研究證實，若有兩個選擇，那絕大多數人都會選擇保護自己有的，不願承擔小小的風險，爭取豐厚得多的報酬，有時甚至不顧理性，也要這樣選擇。換句話說，**即使完全沒道理**，我們還是寧可不要失去，也不去爭取幾乎肯定能拿到的東西。

說穿了，就是要玩專業版的欲擒故縱，不要露出急著成交的樣子。要詢問是否有合作的可能，但不是人人都符合資格。你越是擅長推銷，事業經營得越好，越是如此。

我開始這樣介紹自己，企業主立刻對我另眼相看。我在他們眼中，不再只是一個挨家挨戶推銷的普通推銷員。我並不是要向他們推銷，而是要看看他們有無資格買東西。稍微改變一下說法，給別人的感覺就大有不同。

我先接觸的對象如果是看門人，那結果會跟以前一樣：他們會說不是找他談，然後再去問老闆。他們不知道狀況，但知道那不是他們的等級能處理的。

他們會走到後台，說：「嘿，有位先生想知道你符不符合資格。」企業主一聽就會好奇，會立刻出來看看究竟。更棒的是，我的身份還會自動升級，從推銷員升級到別的身份（最好是顧問）。再說一次，這個方法很簡單，卻也很有效。

想吸引顧客的注意力，要讓他們覺得與眾不同，甚至鶴立雞群，這麼做比一般推銷員那種強勢推銷容易多了。

第五章

利用故事，表達價值

數據會說服理性，但故事能打動人心。
一則簡單而真誠的故事，
能讓你的提案輕鬆變真實。

我們人類對故事上癮。就算身體睡著了，心靈也會整晚醒著，對自己說故事。

——強納森．歌德夏（Jonathan Gottschall）

音樂家理查．赫里（Richard Hurley）教自閉症兒童彈鋼琴。

如果這句話沒能觸動你心弦，那你內心一定比我更堅毅。我在某次演說之後認識了理查，一見到他，我就覺得他夠格當聖人。把教自閉症兒童彈鋼琴當作一生的志業，多麼偉大的情操。

問題是好心總是沒好報。理查熱愛這項事業，但發展並不順利。他還告訴自己，這項事業本來就不易經營，他遇到的是正常現象。

說來很難相信，但問題並不是招生困難。他在奧斯汀（Austin）市區這個知名地點經營，那一帶的目標客群（支持自閉症兒童與家屬的學校、支援團體、活動團體等等）彼此往來密切。

問題也不是無法接觸這些家庭。透過電子郵件名單、群組發文、贊助活動，他可以接觸到幾乎每一位潛在學員的父母。

大家也不是不了解他的服務。自從鋼琴問世，就有兒童在學彈鋼琴。他的信譽也不是問題。他寫過《小獵豹彈鋼琴》（*Baby Cheetah Plays Piano*）這本書，甚至曾開發iPhone應用程式Chroma Cat。他在奧斯汀的特殊需求界頗有名望，人脈也廣。價格也不是主因，因為同一批父母也會花同樣的錢，甚至更多錢在子女的其他活動上。

我問他：「好，理查，看來你招攬生意沒問題，甚至招生也沒問題。那你推銷的時候都說些什麼？」

「我……我不知道還能說什麼。我教自閉症的孩子彈鋼琴。我就是做這個的。」

再說一次，要推銷嘶嘶聲，而不是牛排。不要推銷型態（本質），而是要推銷好處（作用）。這就說到希奧多．李維特的那句話：「大家不想買能打出直徑四分之一英寸的鑽頭。大家要的是直徑四分之一英寸的洞。」但細數自閉症兒童學鋼琴的好處，比方說孩子會喜歡，情緒有出口，而且也有益，這些都不能點燃潛在客戶的想像力。聽起來都不錯，但必須站在父母的角度思考。每個孩子獨特的需求不同，貿然在他們的生活中，增添可能帶來壓力的新東西，他們或許會不愉快。這不只關乎要不要幫子女報名鋼琴課，而是關乎全家人，因為這需要許多規劃、投入，而且時間安排也會被打亂。理查的學員父母必須慎重考慮。

大多數的父母，在衡量了理查提出的好處，以及鋼琴課要承擔的財務與情緒成本後，都決定還是不用麻煩了，讓孩子維持現在的生活就好。

父母就算願意調整生活，有時也很難接受鋼琴課的要價。理查的收費為何遠比同業高？不就「只是」學鋼琴嗎？沒錯，他們是聽人推薦才來的，但推薦也不過是「我覺得你該試試這個」，或「我的孩子很有收穫」，這些都不足以讓他們掏錢。

我聽到這些，就告訴理查，我們要想想他的長期學員為何願意留下。這些父母看見了什麼、經歷了什麼，才覺得花錢值得？我沒有請理查一一列出，而是請他說故事給我聽。

「嗯，很多父母都說自家孩子不愛交流，要他們開口有多困難。但有個媽媽看到兒子在家裡彈蕭邦的降D大調〈小狗圓舞曲〉……好像突然看見了兒子真正的**本性**。大多數自閉症兒童的父母都覺得孤立無援，他們孜孜不倦為子女打造美好的人生，但周遭的人看了，都覺得他們腦袋有問題。親友往往以為，自閉症兒童不太清楚周遭的事情，其實這種觀念不對。眼前的孩子彈奏降D大調〈小狗圓舞曲〉，突然間就打破了迷思。那位名叫愛麗絲的家長看見了重度自閉症背後的那個人，那是她一生最美好的一刻。」

我說：「理查！就是這個！把這故事說給那些爸媽聽！不要跟他們說這對孩子有好

處，能誘導孩子開口。要讓他們感動。要讓他們體會這種感受。」

理查依據我說的方向，又想起幾個故事：有個學生的物理治療師大表驚訝，發現孩子不但有進步，還願意合作。另一位母親在家族的聖誕宴上，炫耀兒子的音樂才華。還有一位父親透過鋼琴與兒子破冰。

我說：「太好了。你跟爸媽談的時候，只要問他們是怎麼知道你的。要是他們回答：『我聽說你教自閉症兒童彈鋼琴。』你就說：『是，我很喜歡這份工作。這對孩子跟爸媽都是好事。很多爸媽覺得孤立無援，盡心盡力想給孩子美好人生，問題是，身邊那麼多人都不懂他們的用心，覺得花那麼多時間、那麼多錢，簡直莫名其妙。但他們後來看見孩子能用美妙的琴聲說出自己的心聲，對孩子也就完全改觀了。我說個例子給你聽，最近我有個客戶叫愛麗絲……，』然後把你剛才說給我聽的故事，說給他們聽。」

你難道不感動嗎？心門難道沒有稍微打開一點點，哪怕只有一剎那？難道不覺得爸媽聽見這個故事，會希望孩子也有同樣的人生？如果你的子女有自閉症，難道你不想跟愛麗絲一樣？如果孩子有特殊需求，你又聽見這些揪心的故事，知道鋼琴改變了這些孩子與父母的人生，又怎能拒絕理查的鋼琴課？

你發現了嗎？我們不是用理性的角度討論價格與效益，而是用感性來引導客戶決策？你也要這樣做。不要拿服務的型態與好處推銷。要說故事。

把解決方案放進故事裡

我們這就進入了推銷的核心。

在一個推銷系統裡，每個環節都要配合得當，才能發揮整體的效果，而故事是主要的引擎。你打好了關係，建立了信譽，決定了議程，接觸到決策者，也問了重要的問題，這些都很好，但你還沒提議。你還沒提出任何東西，也還沒告訴他們，你會如何改善他們的人生、充盈他們的銀行帳戶，或讓他們的岳母更喜歡他們。你到目前為止所做的，只是了解他們有個你能解決的問題。

- **問題：**作父母的希望子女的人生更好。
- **解決方案的型態：**「我教自閉症兒童彈鋼琴。」
- **解決方案的好處：**「孩子會喜歡，情緒有了出口。父母與孩子都能快樂。」

看見了吧？這幾句都沒能直指理查的服務的動人精髓。他要有空間說故事，故事要有「之前」與「之後」的對比，還要有美好的結尾，才能展現情感上的價值。

如果你像我的客戶托伊一樣，賣的是門窗的防雨板，該怎麼辦？買一個裝在你家窗台下方，但你根本不會注意到的東西，能有多少感動？

但只要你聽過托伊其中一位客戶的故事，就很難不被打動。那位先生省吃儉用，打造了自己的夢想家園。但他不知道，門窗的四周並沒有安裝合適的金屬防雨板。

大約三年後，他看見家裡門窗的鑲邊四周有些氣泡。他並沒有當回事，覺得大概是天氣的關係，所以只是在上面刷刷油漆。又過了兩年，他發現之所以有氣泡，是因為門窗不斷漏水，雨水沿著牆內滲入地基。

他發現他的家，他的城堡，充滿了黴菌。

他不得不讓家人暫時搬離，請身穿防護衣的人員清理黴菌，一一修理、更新受損的地方。修理漏水的花費，比他先前蓋整間房子的花費還高！

無數美國人也碰過類似的災禍，其中大多數人的住宅，還是專業承包商興建的。托伊自己的夢想家園，也遭遇過類似的事情。第一次遇到大雨，屋裡到處都是水，原來是承包商沒把他家門窗的防雨板裝好。托伊希望不會再有人有同樣的遭遇。

他發明了一種容易安裝的窗台與門檻防雨板，從此再也不會有屋主經歷他與無數屋主經歷過的慘劇。

你明白了嗎？你用不著把自己的這輩子從頭到尾說一遍。故事也可以很短。鋼琴的故事只有七十七個英文字，托伊的故事也只有一百三十個英文字。這兩則故事三分鐘就能說完，作用卻勝過花一小時列舉商品的型態與好處。

說故事的科學原理

我剛開始以故事推銷的時候，只知道這樣做有用，卻不知為何有用。幾年後，我才接觸到探討「純粹接收資訊」與「聽故事」的差異的學術研究（包括神經科學）。

我真沒想到，兩者在生理上竟然有如此大的差異。西班牙的研究人員發現，研究對象看見讓人聯想到嗅覺的文字（如**香水**、**咖啡**），大腦活躍的區塊，與看見與感覺無關的文字（如**椅子**、**鑰匙**）時不同。換句話說，文字跟感覺越有關聯，大腦參與得就越多。

心理學家雷蒙．馬爾（Raymond Mar）二〇一一年的神經科學研究證實，我們理解故事使用的大腦區塊，跟理解其他人是一樣的。把他的研究應用在推銷上，就是：聽故事能讓我們同理說故事的人，也更能了解說故事者的「誰」、「什麼」、「為何」。

探討故事感動人心的力量，最詳盡的研究也許是已故管理學大師彼得・杜拉克（Peter Drucker）的同僚保羅・札克（Paul Zak）博士的研究。這項研究的贊助方不是別人，正是大名鼎鼎的美國國防高等研究計劃署（DARPA）。他研究催產素（一種自然化學物質，作用之一是能增強我們的同理能力）與說故事的關係，發現故事能直接增強信任。他甚至發明了**神經管理學**（neuromanagement）一詞，意思是管理者能運用故事，營造充滿信任的公司文化。

還有「非凡物品」（Significant Objects）的研究。

二〇〇九年，喬許・格倫（Josh Glenn）與羅伯・沃克（Rob Walker）設計了一項實驗。他們購買、蒐集了兩百件物品：全是一些小玩意、小飾品、小東西、小擺設和便宜的仿製品，每樣的價格不超過一・五美元。他們又邀請將近一百位寫手，請他們撰寫與這些物品稍有關聯的短篇故事。隨後他們將這些物品一個個放在eBay網站出售，產品說明就是寫手寫的短篇故事。他們確認過每一則短篇故事，確定內容並沒有提到產品本身，也就是說他們沒有說謊，也沒有欺騙、誤導潛在買家。有些故事完全是幻想出來的，一看就知道是假的，比方說「有個孩子被困在小小的雪花球裡」。

其中一項產品是麵包夾熱狗造型的塑膠玩具，賣方憶起在童話故事「兩隻壞老鼠的故事」中，兩隻老鼠阿禿與阿灰在娃娃屋裡看見一場假的宴席。產品說明的最後一段說道：「我到現在還留著熱狗，就為了提醒自己，食物並不見得要好看。」

那個塑膠玩具熱狗並不特別。你到一美元商店，大概就能找到這種整套的塑膠玩具食物。但這個塑膠熱狗只以十二美分買進，在eBay的售價卻是三・五八美元。

在「非凡物品計畫」的第一次實驗，價值一百二十八・七四美元的垃圾，最終賣得驚人的三千六百一十二・五一美元。他們又再次做了實驗，這次也奏效。第三次做實驗，他們又把價值幾百美元的垃圾，賣了幾千美元（收益全數捐給慈善機關與協力寫手）。

我們回顧一下。買塑膠熱狗或塑膠雪花球的人，顯然知道自己買的東西沒什麼特別。在任何一場舊貨出清或是任何一家二手商店，都能找到類似的東西（甚至一模一樣）。產品介紹裡的短篇故事，頂多只是與產品略有相關，但竟然有兩百人願意以平均高出原價百分之兩千八百的價格，買進幾乎一文不值的東西……就因為看了一個好故事。故事能讓垃圾變成暢銷品，那推銷的如果是像你們家超棒的產品與服務，銷量豈不是一飛沖天！

打造你的第一個故事

你一定有故事，只是你不見得知道。

就算你昨天才新開張，也一定看過、聽過、讀過別人的故事。你會有一些個人經驗可以分享。你先前待過的公司也會有一些故事。而且坦白說，你只需要一個好故事，就能開始。

對於我們內向者來說，說故事比用好處推銷容易。所謂好處，是你認為潛在客戶會想聽的一些東西。好處沒有心，也沒有靈魂。細數好處感覺不自然，不真誠。而且要將好處按照順序一一記住，簡直難如登天，尤其是在推銷時。我每次想背出一連串的好處，舌頭都會打結，總會忘記至少一項。

假設我跟你說三樣東西：食物、椅子、床。一年後，我再請你將這三樣東西按照順序背給我聽，你可能連我跟你說過話都不記得，更不用說那三樣東西了。

但現在，你可以跟我說「金髮姑娘與三隻熊」的故事。金髮姑娘做了什麼？她吃了三隻熊的食物，弄壞了他們的椅子，睡在他們的床上。只要記得這個你可能很多年都沒聽到的睡前故事，就能輕易記住這三樣東西的順序，而且跟我告訴你的順序一樣。

史丹佛大學的珍妮佛・阿克（Jennifer Aaker）教授發現，記住故事裡的資訊，要比單純記住資訊的機率高二十二倍。普林斯頓大學的尤里・哈森（Uri Hasson）博士也證實，確實有所謂的「神經耦合」（neural coupling）：我們聽故事時，大腦也開始與說故事者的大腦同步。我們的大腦與說故事者的大腦，同樣區塊會同時活躍。說故事是最接近心電感應的行為。

故事自然而然就能說出來。我們都是說故事的老手，會分享小時候摔在泥地上，還有全家度假狀況百出的故事。而且同樣的故事你說了無數次。次數越多，你就越爐火純青。

想想你遇見另一半的故事。你第一次說的時候，大概比較冗雜。說過幾次以後，你也許會發現，別人聽到某些段落會眼神呆滯，聽到某些段落又興致勃勃。你大概就會想找出讓人覺得無趣的段落，或完全跳過。說不定你還會把有趣的段落加以雕琢，或修改得更有張力，才會更好笑、更刺激。多做幾次，就能成就一篇叫好叫座的傑作。

你說給顧客聽的故事，當然也是如此。你只需要找到一、兩個故事，能表達你所推銷東西的價值，再好好說出來就行了。

看到這裡，你心裡想必有個聲音：「但我不想跟機器人一樣說故事！」想想你最喜歡的電影，還有裡面你最喜歡的演員。你喜歡他們演繹的角色，總不可能是因為他們不真誠，像機器人，對吧？但他們說的話，都是劇本裡寫的。

你會覺得推銷的劇本聽起來像機器人，是因為你聽過電話推銷員還有其他推銷員講話像背書。你一定也看過爛演員講話像背書。但好演員之於爛演員，正如好推銷員之於爛推銷員，差異在於練習將台詞說得自然的功夫。劇本的台詞彷彿是他們自己說出來的話。想做到如此自然流暢，跟專業演員一樣，首先就要記住劇本台詞的每一個字。

你不能只是坐在那裡讀劇本。電話推銷員就是這樣，講話才會像機器人。他們只是把劇本唸出來。優秀的推銷員則是會記住台詞，反覆練習，直到能自然表達出來。

有個推銷員嚴格按照我的方法訓練。我說了一遍推銷的台詞，示範給整個團隊聽，他把我說的錄起來，每天早上在跑跑步機時聽，去跟潛在客戶見面的路上也聽。所以他的銷售成績始終數一數二，一點都不奇怪。

你要是不知道該怎麼開始，我把步驟分解給你看。下列的結構會告訴你重點是什麼，每個環節該有多長，還有你的故事該有哪些元素。

不要沒做準備就把故事說給潛在客戶聽。這可關乎你的生計，關乎你是能追求夢想，還是得另尋工作。要把故事寫下來，而且要練習，練習，再練習。

1. **問題**：問題是故事的引子。先從角色的處境開始：這是他們的問題，這是他們的情況，這是他們的情緒狀態（之前的狀況）。要說清楚，顧客才知道你確實了解他們的處境。要強調角色的顧慮、個人承受的壓力、焦慮，以及失落，例如唯恐失去一切，或是希望與子女更親近。要用形容感覺的話語：**咖啡**濃郁的香氣，**黴菌**的濕臭味。你要讓他們在故事中感受到，看到自己也有同樣的痛苦與慾望。

2. **分析與實踐**：你要說出你如何分析角色的情況，還有你認為該怎麼解決。要說出他們**恍然大悟**的時刻：發現是自己害了自己，沒有從正確角度分析自己面臨的挑戰。接下來，則要說說該如何執行解決方案，也就是要扎扎實實努力三個月。最重要的是不要**指導**。你端出老師的口氣，聽你說話的人就會自動變成學生。誰也不喜歡回頭當個小學生。你不是去說教的，是去激勵、去啟發別人的（好的故事總能發揮這種作用）。你說的故事的寓意，也能迎合他們的需求。

3. **結果**：現在要講故事的「之後」部分：角色的報酬率是多少，改變了觀點，體重減輕四十磅，與失散已久的兄弟重逢。在這個過程中，也要重提他們的過去與現在：「亞歷斯本來欠一大堆信用卡債，耗一堆時間寫根本不會有人看的恐怖提案，到現在只要跟客戶見一次面，再寄電子郵件說幾個重點，他的企業就能有七位數的營收。」

4. **故事的寓意**：就是潛在客戶為何需要實踐。你要說：「所以你絕對要花時間了解推銷流程。很多人會說：『呃，那太麻煩了。』但你想想亞歷斯參加那麼多社交活動，就為了能有與潛在客戶約時間詳談的機會。他還要與潛在客戶見面，寫長篇大論的提案，還要花很多心力追蹤，有時候一忙就是幾週甚至幾個月，做這些事情都有成本，最後的結果卻是『我沒興趣』……你想想就知道，了解推銷過程並不麻煩，但一直不去了解，則會非常麻煩。」

因為很重要，所以再說一次：了解怎麼推銷並不麻煩，但一直不去了解，則是會**非常**麻煩。

第六章

繞過反對，放下爭論

反對意見，不等於拒絕交易，
甚至可能是促成交易的完美契機。
謹慎化解正面衝突，更能打開對話空間。

所謂圓融，就是陳述觀點而不樹敵的藝術。

——艾薩克．牛頓爵士（Sir Isaac Newton）

湯瑪斯在全球房地產仲介公司高力國際（Colliers International）的奧斯汀分公司工作。他個性內向，始終沒有業績，眼看老闆就要叫他走人了。他迫切需要協助，於是在老闆同意下，聘請我進行初步諮商，想知道怎樣才能戰勝內向的個性（我這樣說是挖苦的意思），成為業績長紅的推銷員。

我後來才知道，他們聘請我不只要訓練湯瑪斯，也要訓練他團隊的另外兩名推銷員。這兩位是「天生」的推銷好手，是能言善道、個性外向的標準推銷員。在他們眼裡，每一次拜訪、每一次見面推銷，還有每一次互動，都是只能贏不能輸的戰鬥，而顧客的反對意見，則是必須消滅的敵人。

其中一位尤其咄咄逼人，他甚至給自己取綽號叫「鬥犬」。他知道戰術，知道地形，也知道自己得越過滿布異議的地雷區。

每天早上，他先來杯咖啡讓自己振奮，再拿起電話一通通的打，不達目的誓不罷休，力壓每一位潛在客戶。他跟我分享過一些經歷，比如他站著，雙拳重重撐在桌上，隔著電話的擴音器對另一頭的顧客大聲咆哮。

哇喔，這種人生好勵志。

我與三位推銷員齊聚一堂，對他們說：「各位：換個方法試試看。下次聽到反對意見，不要砲轟到人家投降或掛電話，而是要說個故事給對方聽。」

如果你像我，或像我認識的任何內向者，那你聽到反對意見時會需要一點時間。你得思考該怎麼回答。我先前引用過萊斯莉．斯渥德說的：「內向者需要時間『消化』資訊，才能回應。」我們內向者喜歡好好思考該怎麼回答，通常不會立刻反唇相譏。聽到反對意見，我們的直覺反應就是退縮到內心，所以才會無言以對。

如果有辦法直接按下暫停鍵，問自己：「我有哪個故事，能化解他們的疑慮？」那不是很棒嗎？

我有好消息：真的有辦法。我稱之為「異議因應緩衝」，這其實只是一句話，你可以在下次顧客跟你唱反調時，立刻說出來。這一句話是我們已經很熟練的，不假思索就能脫口而出，可以填補空白。我們一邊說，一邊搜尋自己儲備的故事，並挑選最合適的那個。

我常常訓練我的客戶說：「我懂，我真的懂。我最不希望的，就是浪費您的時間，只是……」如果他們的潛在客戶還有反對意見，那就繼續說同樣的話，只是換個較短的版本：「我懂，我真的懂，只是……」

我建議他們這麼說，是因為我知道有效。這句話從澳洲塔斯馬尼亞州到美國德州都證實有效。不過，你講的時候還是要真誠。如果你講不出口，那就另外找一句你能講出口的，然後練習，練習，再練習。要能夠立刻說出口。你的嘴巴在動的時候，大腦也會同時在動，會挑選合適的故事，以因應對方的異議。

（附帶一提：千萬不要用「**但是**」兩個字，這等於全盤否定先前說的。想像一下有人讚美你：「我說啊，你穿這件很好看，但是……」前面的讚美還不如省了，因為你只會聽到接下來的話。遇到反對意見，一定要讓潛在客戶知道你有聽進去，要確認他們的觀點，而不是否定。）

對於高力國際的這兩位外向者來說，這個「異議因應緩衝」還有額外好處。他們就算想對著電話大吼，也不得不保持冷靜。而對於內向者湯瑪斯來說，他可以爭取時間想好回應。

我們在第五章說過，最好不要與反對意見直球對決。

最好說個故事給潛在客戶聽，用故事反駁。告訴他們「有人跟你一樣」，也有類似的顧慮，但最後還是決定這樣做，現在看到結果，那人很慶幸自己當初的決定。而你認為眼前的顧客應該也想要這樣的結果。

我向那三位推銷員說明這個道理：「可以跟潛在客戶說，有個客戶跟他們很像，後來跟高力國際合作，所有的疑慮就消除了。也可以說你自己或你們團隊最近的成功經驗，或告訴他們其他人也有一樣的反對意見，最後還是決定跟你們合作。反正就是說個故事給他們聽。」

那位喝了咖啡很亢奮的推銷戰神說：「馬修，他們平常都會掛我電話。我講得很簡短，而且只講重點，平均大約只有八秒。你要我講東拉西扯的故事，還以為他們會聽下去？我看他們只會更快掛電話。」

又經過一番諮詢與指導，我為了反駁他們的反對意見，講了幾個故事，那兩位推銷老手總算願意試試看。他們聽見潛在客戶說「我們現在想這個還太早」、「我們已經有合作的仲介」，或「我沒興趣」，也可以壓抑住那根深蒂固的拔劍習慣了。

鬥犬聽見對方說目前的租約還很長，不想花時間煩惱，就說：「我懂，我真的懂，我最不希望的，就是浪費您的時間。只是我們有一位客戶叫約翰，大約六個月前也說過一模一樣的話。我跟他說，以奧斯汀的成長幅度，商用不動產物件出租的速度非常快，你要是等太久，就會錯過很優惠的新建案價格。他聽了決定考慮看看，現在很慶幸當初採納我的意見。他如果耽擱了，就會少賺幾十萬美元。就像我剛才說的，我不想浪費您的時間，但我覺得還是可以討論討論，您才不會錯失這種機會。」

人們可能會對邏輯與事實提出質疑，但故事能巧妙避開這種爭論。試圖壓倒對方，把討論變成爭論，像是說出「我來告訴你，為什麼你根本站不住腳」這種話，對方只會覺得你咄咄逼人，或是在硬逼他們選擇要不要相信你。與其這樣，還不如說個故事。故事能探討對方的疑慮，讓對方知道有此疑慮很合理，此外還能向對方證明，你曾協助類似的客戶處理同樣問題——而且，這樣的溝通不會直接駁斥對方的主張。

潛在客戶可以爭論數字，也很容易去質疑你主張的優點，但他們卻很難主張其他客戶的故事是假的。說真的，他們能怎樣？難不成要說你是騙子？

說個故事，對話就沒那麼尖銳，顧客也會卸下心防，因為你沒有攻擊他們，也沒有駁斥他們的顧慮。你只是說出別人的經歷，指出相似之處。

這對高力國際有何影響？他們學會說故事，達到了更高的業績目標。這家門市本來就是奧斯汀最大的商用不動產仲介門市，不到兩個月業績更是增加了一百萬美元。不到十二個月，營收就增加了不只一倍。

為何會這樣？買進商用不動產的決策者，通常是公司高層，強迫推銷對這些人是不管用的。經驗老到的商人，即那些「大人物」，都知道該如何打發咄咄逼人的推銷員（尤其是年輕人），也知道怎麼拒絕。通常只要掛上電話就好。高力國際團隊藉由說故事，將對話從「要或不要」變成「故事與寓意」。公司高層比較願意聽跟自己情況類似的故事，而不是聽推銷員一直在電話上高壓催逼。高力國際三人團隊的成交金額也提高了，因為越來越多高層向他們購買。

以故事推銷，以故事化解反對意見的策略實在太有效，所以整個團隊到現在每週還會開會半小時，互相分享客戶的故事。

沒錯，鬥犬的每一週都有「故事時間」。

繞過反對意見

我會發現以故事反駁潛在客戶的策略，其實純屬意外。我剛開始挨家挨戶推銷時，一再聽到的反對意見是：「我跟你說，我不可能改用奧茲康。我以前就用過，收訊爛透了，所以我又換回澳洲電信。」

這話沒錯。奧茲康剛成立時，訊號涵蓋率完全比不上澳洲其他幾家大型電信公司。我小時候也體會過。既然我知道對方的話有道理，也是實情，又怎麼能反駁？我總不能說：「你錯了。我們收訊好得很。在這裡簽名。」我要想個辦法化解他們的反對意見，而不是推翻。

有一天，解決方案就這樣從天而降：我突然接到客戶打來的電話，他感謝我說服他再給奧茲康一個機會。收訊很不錯，能省下那麼多錢，他也很高興。反駁故事所需的元素全都到齊了。下次有人跟我說奧茲康收訊不如澳洲電信，我就會說這個故事：

我懂，我真的懂，我最不希望的，就是浪費您的時間。不過，不久前才有一個客戶打電話給我，他以前也遇到收訊不好的問題，就跟您一樣。

我當初跟他推銷，他跟我說，他現在用澳洲電信，不想再改回奧茲康。我正打算離開，但還是轉身問他：「你當初選擇奧茲康的原因是什麼？」

他說：「想省錢。」當然，這個我懂。零售業的利潤若是只有百分之二十，節省一澳元就等於做了五澳元的生意。

我對他說：「所以你原先改用奧茲康，是為了省錢。但後來因為收訊太差，所以不得不換回去。這也很合理。不過奧茲康已經花了很多錢架設新的基地台，訊號涵蓋率已經達到百分之九十五，跟澳洲電信的百分之九十九差不多。」

「你為了省錢改用奧茲康，後來又因為訊號太差停用。我們把以前的事都忘掉，從一個新的想法開始。如果現在可以既省錢，訊號又好，難道你不想把握機會嗎？」

他對我說：「那要是沒那麼好怎麼辦？」

我說：「我們保證三十天無條件全額退款。」

嗯，長話短說，前幾天他打電話向我道謝，因為他現在既能省錢，訊號也夠好。

我完全能理解您以前不想改用奧茲康的原因，但現在訊號涵蓋率的問題已經解決，我當然也會給您跟他一樣的保證，您想要的不就都到齊了嗎？要不要試試看？同樣保證三十天的試用期，還可以省下（數字）的澳元？

我並沒有對他說他錯了。嚴格說來，對於他的反對意見，我連反駁都沒有，而是完全繞過去。我只是跟他說了一個故事，故事的主角跟他一樣，也有類似疑慮，但最終慶幸自己選擇了奧茲康。別人可以批判我的邏輯，但不能否認那位先生來電感謝我勸他重新使用奧茲康。

我並沒有叫潛在客戶接受或是不接受什麼，而只是分享能打動他們的故事（失去的恐懼，省錢的快感）。更重要的是，他們可以自行判斷故事的寓意。

這就是故事美妙的地方。沒有對錯，對方什麼也不必做，只要聽就好。故事可以繞過我們自動築起的防備，因為故事不會要你考量事實，也不需要回應。

故事就是如此。

別把自己當成推銷員

別誤會我的意思，你的職業確實是推銷。

如果你要說服他人、影響他人，才能維持生計，那無論你有多少身份，最重要的身份就是推銷員。你要接受你以推銷為生的現實。

亞歷斯如果找不到案子可做，就沒有工作。吉姆・卡莫要先拿到演講邀約，才能演講。薩克要先有客戶，才能指導客戶。你必須先推銷，才會有後面的事情。但話又說回來，你不該把自己當成推銷員。

我在奧茲康當上團隊經理時，湯米是我訓練的第一批推銷員，那時我就稍稍調整了他的心態，引導他別把自己當成推銷員。後來，我自行創業過了大概一個月，他到我的公司上班，業績不但不好，也不穩定。我把我的方法全都傳授給湯米，但他第一次遇到客戶唱反調，就把劇本全忘光了。湯米從小家境不好，很習慣馬上就進入「衝突模式」，結果與潛在客戶打交道時，只要有點衝突，他就立刻擺出以往咄咄逼人的姿態。每次對話都變成在爭論客戶哪裡錯了，我們的產品又為何比別人家好。

最後，我把他拉到一邊說：「湯米，我有個辦法請你試試看。不要把自己當作推銷員。推銷員做的事情，是硬把東西塞給別人。你走進去，還沒跟任何人講話之前，要先對自己說：『我不是推銷員，我是銷售顧問。』你的任務是幫客戶找出最適合的方案，不是要推銷門號，至死方休。不要跟客戶爭論。要問問題，彷彿你是他們的律師或會計師。要假裝自己是電信專家，提供他們專業意見。」

這招果然有效。他的重點從「爭取」變成「建議」。潛在客戶要是有反對意見，那是因為湯米不了解他們的情況，或是他們不了解湯米的提議對自己有什麼好處。湯米不再說客戶錯了，而是透過問問題，找出他的「專業」意見與客戶的反對意見的平衡點。

湯米也必須更善於傾聽。他不像先前那樣只是說、說、說，而是開始注意對方在說什麼。他們不想爭執，只是想做對自己以及公司最有利的決策。湯米仔細聽，就更能化解反對意見。他不把反對意見當成拒絕，而開始意識到這只是誤解，是他誤解了客戶重視什麼，或是客戶誤解了他的公司能如何解決問題。

「推銷員」一詞，會讓人立刻聯想到庸俗的二手汽車經銷商，還有那種陰險的企業推銷員，只在乎下一筆佣金有多少，其他的全不在乎。這不是你，也不是你的本性（如果是，那這本書不適合你）。

如果你跟我一樣，那你應該只想以真誠、符合本性的方式，推廣你的產品與服務。

第七章

試探詢問，測測水溫

潛在客戶不一定會主動表態，
學會用提問旁敲側擊、謹慎推進，
無須肩負壓力，業績近在咫尺。

千萬不要用你的腳測河有多深。

——華倫・巴菲特（Warren Buffett）

你想當個咄咄逼人的推銷員嗎？

當然不想。很多個性外向的推銷員，一想到要強迫推銷也會尷尬。沒人想做這種事。但為什麼行之有年的推銷方法，都那麼咄咄逼人？

因為我們推銷時，潛在客戶都會面臨一個問題：唯恐失去的基本心態。很多人寧願不做決定，也不要做錯誤的決定。他們寧可緊緊抓住目前所有的，也不想冒著失去的風險，去爭取更好的。所以才有那句老話：「一鳥在手，勝於十鳥在林。」留住自己現在有的（也就是他們的錢），比拿錢去換更好的東西（能解決問題的產品與服務）更安全。

我在南澳洲擔任州銷售經理時，指導過一名推銷員在阿得雷德推銷的訣竅。那時有對夫婦告訴我，他們在跟我們見面之前，已經決定什麼都不簽。但碰面之後，夫妻倆都覺得非常愉快，於是互相點點頭，決定成交。你的推銷流程要是能精進到這種地步，那就不只是見面推銷，而是一場表演，就像一齣戲。

很多推銷員認為，想成交就得咄咄逼人。他們不相信還有其他能成交的方法。他們逼著客戶做決定，不想坐著耐心等客戶想了又想，想了又想。

「呃，我不知道……」

「我先跟我太太商量商量……」

「我真的要先跟牧師商量商量……」

我聽過不敢做決定的人說出的千百種藉口。我自己也找過藉口，心想，**我在別的地方八成能找到更好的**，或是**我現在真的沒時間搞這個，也許一年後……**

別擔心，我不是要告訴你要咄咄逼人才能成交，也不是要告訴你必須「開口要交易」。那是死纏爛打、個性外向的推銷員固有的想法，不是我們會做的事情。

不過，如果給別人時間慢慢考慮，對方就真的一點都不急。可是你花越多時間追逐一筆業績，能用來追逐其他業績的時間就越少，更不用說還要忙其他的工作。從另一個角度看，你浪費越多時間等別人做決定，能服務其他客戶的時間就越少。

這是個進退兩難的問題。大家需要推銷，但討厭被推銷。我們要向別人推銷，但我們又不喜歡推銷。內向者要怎麼做，才能不直接開口要業績，也能成交？

我們該怎麼推銷，才不顯得咄咄逼人？

試試水溫

我小時候有氣喘，爸媽幫我報名潛泳，也不知道究竟是想幫我還是害死我。（後來證明是有益的，因為能增加肺活量，但我不確定他們知不知道有這種好處。）

換季的時候，不能直接跳進游泳池。水溫可能還是很冷。你要先用腳趾探探水溫，要是夠暖，才可以一頭栽進去。

你應該知道我的意思。在傳統的推銷方法裡，這種觀念可以說相當普遍。傳統的方法告訴我們，要留意對方變得熱絡的跡象。出現這種跡象，就代表他們會買。熱絡的跡象包括點頭、開放的姿態、輕鬆的態度，以及諸如此類的非語言線索。我們還要隔著電話，觀察對方的語氣、用字遣詞，以及有無談到以後的事（這代表他們已經決定了現在的事）。

把這些都交給心理學家還有算命師吧。我要告訴你一個簡單得多的試水溫方法，而且不必耗費多年研究微表情與語言學，照樣管用。

你有沒有說過一些話，可以用兩種方式解讀，但聽的人誤會了你的意思？你發現對方誤會，於是說：「唉呀，不是，我不是**那個**意思！我是說……」

所謂的「裝沒事」就是：你確實是那個意思，但你覺得聽的人不會接受（或你覺得可能會很尷尬），所以就裝作不是那個意思。

我這就告訴你，推銷時要怎麼裝沒事。

蜜雪兒．貝克（Meshell Baker）是位人生教練。她與潛在客戶通電話，問了問題，討論了對方的疑慮，要是覺得對方已經想做決定，她就會問一個很尋常的問題：「您覺得下午還是晚上見面比較好？」

潛在客戶要是說：「我覺得晚上比較好。」就代表他們已經願意接受她指導。除非他們另有表態，否則蜜雪兒就會認定對方已經同意與她合作，成交了。

她不著邊際地詢問了潛在客戶的意見。

但他們要是說：「蜜雪兒，等一下，我還不想做決定。」那她要裝沒事也很容易。「喔，不是，我不是要您現在下決定。我只是想了解您的喜好，才能告訴您哪些課程適合您，也能配合您的時間。」

這段對話看似不重要，其實大有作用，它能夠：

1. 推動潛在客戶做決定。

2. 蜜雪兒可以試試水溫，看看潛在客戶是否已經做了決定，而且不需要直接開口問，給他們（或自己）帶來壓力。
3. 潛在客戶會因此稍有歉意：「喔，蜜雪兒，不好意思我誤會妳了。」感覺虧欠了她（哪怕只有一點點）。
4. 蜜雪兒也會知道，她還需要努力，要多說幾個故事。

潛在客戶如果不選擇，就代表還不打算買單，蜜雪兒也必須回頭探詢對方的痛點，將特色與好處包裝成故事。她不必強迫對方做決定（但一般的推銷方式都是如此），而是可以裝沒事，無縫接軌另一個問題，再回到第三步、第四步，以及第五步。

她回頭了解潛在客戶不做決定的原因，若覺得對方似乎願意成交，就可以再用一個類似的試探性結尾。第二個鏡頭可以是：「我看看我的時間。哪一個您比較方便，是星期二還是星期四晚上？」或「您希望見面還是透過Skype上課？」

左右為難

更棒的是，我請蜜雪兒用的方法還有另一項好處，就是能製造所謂的左右為難。最好不要問客戶：「你要不要這個？」這是一種是或否、黑或白的問題，而且還會引發不少情緒：我們不想被拒絕，客戶也不想因為拒絕我們，而感到煩惱、內疚。

蜜雪兒的潛在客戶面對的問題則是：「你想要這個還是那個？」他們要回答的不是是與否，而是要聚焦在選項甲或選項乙。下列是幾種營造左右為難的試探性結尾，包括我自己、我的推銷團隊，還有我的客戶都使用過。每一個都能促使潛在客戶採取行動，而不是思考要不要採取行動：

- 「您喜歡黑色的這一款，還是銀色的？」
- 「您方便平日還是週末上課？」
- 「您方便白天還是晚上上課？」
- 「您喜歡在線上自行操作，還是想了解跟我合作的詳情？」
- 「您需要出租還是承租？」

我的行銷部門很強大，所以有幸能有潛在客戶願意找我諮商。現在我跟潛在客戶對談、問完問題、說完故事（我提供真正有價值、有助於他們解決問題的建議）之後，就會用這個試探性的結尾：「在這個階段，我可以做的有三件事。我可以介紹你看一些我製作的很不錯的免費內容，你吸收了就能迅速成長……」

我們先停下來想一想。為何提供免費的內容？因為我們有互惠的本能。羅伯特・席爾迪尼在《影響力》這本書中說得很清楚，人即使得到像野花這種微不足道的東西，也會非常想要報答對方。我主動提供免費的東西，給人的感覺就是沒那麼在意（因為很多人需要我），也會讓人聯想到互惠法則：潛在客戶覺得對我稍有虧欠。而且提供免費的東西，也可以擺脫浪費你時間的人——一看到免費的東西就馬上接受，表示他們本來就不想付錢。

說完試探性的結尾，我接下來會說：「還是我先說說我創辦的一所學院，在這裡可以上課，也可以跟一群志同道合的服務業同業合作？還是說您想聽聽跟我合作的詳情？您比較喜歡哪一種？」

我沒有問他們：「您想買哪個？」而是問：「你要選哪個？」

由他們告訴我，希望我賣什麼給他們。

第八章

假定成交，保持運作

成交不是提出要求，而是自然演進。
別把每筆交易當成易碎品，
順其自然，讓態度帶你走向結果。

樂觀是邁向成功的信念。沒有希望與信心，就不可能成功。

——海倫・凱勒（Helen Keller）

我在墨爾本指導過一位先生，名叫托伊。他將家具出租給需要布置空置住宅的房地產公司。客廳有沙發、藝術品，臥室有床和衣櫥，比較容易吸引買家。買家買的是自己看見的願景，而不是空殼。他們想看到的不只是房子，更是家。有些屋齡較高的房屋裡面有陳舊的家具……呃，味道也很陳舊，需要以新家具妝點。租用新家具幾個月，便可以讓住宅更快售出，還能減少斡旋，很值得，就像麵包店烤新鮮的餅乾一樣。本書提過很多次，我們的慾望是不理性的，只是我們會想辦法將慾望合理化。

但托伊向屋主收款並不順利。他每個月底會寄租金帳單給客戶，卻常常收不到最後一個月的租金。因為那時屋主已經賣掉房子，他也已經把家具搬走了。更慘的是，還有客戶先是租用八週，後來又想再有償借用一、兩週……但到了該付錢的時候又不付，手機直接轉到語音信箱。他幾乎只能放棄每一筆尾款，真傷腦筋。

我說：「兄弟，你為什麼不乾脆先收一個月租金呢？布置前就要他們付款，你就能在月初收帳。等到你搬走家具，他們也已經全額付清了。」

他說：「這一行沒人這樣做。要是還沒布置就先收錢，沒客戶會找我。」

「真的嗎？你什麼時候發現的？」

他皺起眉頭：「呃，我也不是**發現**……只是這一行一直都這樣。」

「那是別人跟你說的嗎？還是你自己以為？那些屋主又怎麼會知道？你跟我說的是，幾乎每一位客戶都是第一次租家具布置房子。」

說這些不是耍嘴皮而已，我只是發現，我們在人生中常常以為一定要怎麼樣，然後一輩子都在遵守自己其實也搞不清楚的規矩。除非有人試過，否則誰敢說一定不行？就算業界「沒人這樣做」，客戶又怎麼知道？這是你的企業，規矩由你來定。

我在奧斯汀創辦「小型企業節」的時候，有人跟我說，這類活動要花八至十二個月，才能拿到所需的贊助，尤其是第一次舉辦。但我才花不到九十天，就拿到了第一資本、網域註冊商GoDaddy、臉書、奧斯汀市政府，以及託管平台WP Engine的贊助。別人跟我說「一向是這樣」，我從來不當回事。

托伊又爭執了幾句，最後我說：「你就當是幫我忙，試試看就好。接下來的兩週，你跟客戶談價錢時，就說：『我們布置家具的標準作業流程，是預收一個月的租金。哪一種付款方式對您來說最方便？信用卡還是支票？』如果對方要用信用卡，那你就說：『太好了，哪一張？』如果是支票，就說：『太好了，能不能麻煩您拿給我？』你試試看。我看，不如我下次跟你一起去見客戶怎麼樣？」

到了下週，我們跳上他的車，前往潛在客戶的家。他對潛在客戶說我是「在受訓的」，就開始招攬生意。我偶爾插話，不過主要還是他在推銷。我只是來協助收款。

等到我覺得屋主很想成交，我才會試試水溫：「太好了，所以是週末還是平日比較方便讓我們過來布置？週末是嗎？太好了。」

這就是試探性的結尾。告訴我們能布置的時間，等於表態願意成交。我看客戶願意成交，就知道該報價了。

「按照一般業界的慣例，租用家具是按月計算租金，」這也是托伊的規矩，他補充：「再加上一點布置費用。您家的家具租金是每月〇元，再加上布置費〇元。我們的標準作業流程，是預收一個月的租金，還要請您提供駕照號碼。您有駕照嗎？太好了，能不能麻煩您去拿？」

我趁屋主拿皮夾時，拿出文件開始寫合約。屋主抬頭看見我在寫合約，我們就繼續進行。

「好，哪一種付款方式對您來說最方便？是信用卡還是支票？」

他一拿出支票簿，我就說：「第一個月的租金與布置費，總共是兩千五百美元。」我拿到支票後就對他說，接下來的幾個月，用信用卡付款比較方便，就不必擔心要郵寄支票。我跟他開玩笑，說雖然我們要負擔手續費，但如果能讓他輕鬆點，我們願意吸收額外的成本。他笑著把信用卡資訊給我們。大家握手，我們離去。

走出屋外，托伊對我說：「就這樣自然而然成交了耶。他都沒有質疑，好像這樣很正常。」

我說：「兄弟，那是因為我們的態度很自然。這是你的『標準作業流程』。我沒有解釋為什麼要這樣做，也沒有特別強調什麼。他說他希望我們週末去布置，就代表他潛意識已經決定要成交，其他的都只是細節。我請他付款的時候，感覺已經像是後來才想到的。」

「他要是說『等一下，我還沒決定』，那我大可說：『喔，不是，你誤會了。我只是先問問看，因為還要確認工班有沒有空。我只是先把您的資訊記錄下來，以後就能節省時間。我們以前有個客戶跟您一樣……』然後直接開始說你某個客戶的成功故事。」

我們在這次經歷中假設已經成交……而且這個假設是對的。

談價錢的方法

「我只想知道要多少錢。」

你有沒有接過潛在客戶來電，劈頭就問這一句？我收過幾封類似的電子郵件，一開口就問我的企業輔導課程要價多少。但潛在客戶必須先了解你的價值，才能與你敲定合理的價格。

所以價格應該放在最後談。

你必須先贏得潛在客戶的信任，要問問題、說故事，還要因應對方的異議，然後才能說出你的收費標準。對於托伊的客戶，我先探探他的意思，確認他想要托伊販售的服務，然後才報價。

如果你的客戶先開口問價錢，無論是一見面就問，或在你介紹服務內容、說故事的時候問，而這時你還不打算談價錢，那你只需要說：「（對方的名字），價錢是一定要談的，現在的重點是先了解您的需求，設計出能完全滿足您需求的方法。我們很快就會談到價格，這您放心，但方不方便讓我先請教您幾個問題？太好了。」然後再回到你的劇本。

你也可以說：「能不能先讓我說說這項產品（或服務）有多適合（先前的客戶），我們才知道我推薦的是不是也很適合您？太好了。」再回到你的劇本。

我在第二章說過，在介紹的過程中別忘了規劃討論價格的流程。這樣做，就能像波勒學院的例子一樣，潛在客戶會對你有信心，知道你很有主張，也不太可能搶著問價錢。

為什麼要把價錢放到最後才談？

如果你一開始就談價格，客戶會自動把你提出的每一項特色或好處（單獨拿出來），與價格放在一起衡量。**這值得我付出你講的價格嗎？我覺得不值**。這下子你就不得不與客戶的理性思考搏鬥，而不是訴諸他們的感性。

把價格放在最後談，能得到複利效應的好處。太快提到價格，就只能依靠一項特色或好處發揮決定性的作用，而不是一樣樣累積，等最後提出價格時，潛在客戶的思路已經變成：**我能以這個價格，得到這麼多好處？聽起來好划算啊！**

要是還沒了解潛在客戶的需求就先報價，那相當於追逐移動的箭靶。潛在客戶的需求如果超出你的標準收費範圍，或超出你的預期，報價當然得往上加。先報價的話，潛在客戶會覺得受騙：你本來說要多少錢，現在又變卦。

太早提到價錢，真的對誰都沒好處。

這就來談談顯而易見，卻常被忽略的話題。我們都知道價格很重要，對吧？不對！除非你刻意為之，否則根本沒那麼重要。你剛剛已經看到在托伊的例子中，我是如何討論價錢的了。你看我花在談價錢的時間其實很少，感覺像在談一些小事情，諸如搬運用的卡車是什麼顏色。而且，我的用字遣詞也很平淡。

你太重視價格，給人的感覺會是「這是很大一筆錢」。你的言行舉止也許會讓對方覺得，**嗯，我應該想想再決定……**

談價錢要像談日常話題一樣。當然我也知道，沒人會對價錢無動於衷。我在討論這本書，討論如何談價錢的時候，有人還跟我說，光是價格、議價這個主題，就夠寫一整章，搞不好還能寫一整本呢！

沒錯，但價格其實沒那麼重要。你的價格就是價格。只要說出來，繼續往前推進就行了。

你如果始終覺得自己要價太高，就要訓練自己對數字無感。舉個例子，我有個好友，在中低階層的社區開了一家空手道工作室。他聘請當地的高中生，挨家挨戶推銷要價三千五百澳元、為期一年的課程。

回想一下你的高中時期。無論你是哪一年畢業的，三千五百澳元都不是小數目。對於我朋友聘請的高中生來說，想必也不是小數目。他們向社區裡的父母介紹課程、課程的價值，還有課程的架構，說得頭頭是道。但一談到價格，他們開口就結結巴巴。我朋友發現，孩子們實在沒膽說出那麼大的數字。

他打算訓練他們對數字無感。所以在開業之前，他要孩子們練習對彼此說「三十五個百」。不是「三千五百」，而是「三十五個百」。

- 「這是三十五個百個枕頭……」
- 「這是三十五個百根羽毛……」
- 「這是三十五個百隻長頸鹿……」

孩子們不斷練習，直到對三千五百澳元的價格無感，覺得只是個數字罷了。他們練習了一週左右，成效斐然：他們可以流暢說出「三十五個百元」的價格，然後業績一飛沖天。

- 如果你收取的費用是一萬五千澳元，那就練習說「是十五個千。是十五個千。是十五個千」。
- 如果要分期付款，也可以練習「是十二又半個千。頭期先付七十五個百隻羊駝，接下來只分兩期，每月一期，每期二十五個百隻羊駝」。
- 如果收取的費用是八千四百澳元：「是八十四個百隻猴子。平均分成四期，每期二十一個百隻猴子」。

持續練習，直到你對自己開出的價格無感為止。

別把推銷當成玻璃

布萊恩·崔西和吉格·金克拉這些推銷「大師」，都認為推銷就必須堅持不懈。「要先被拒絕七次，才能成交一次」之類的言論，都主張要不斷問，不斷追逐，不斷糾纏，直到客戶投降為止。

呃，厚臉皮的外向者也許願意糾纏到客戶投降為止，但對於大多數我們這樣的內向者來說，這實在不符合本性。

我在替奧茲康挨家挨戶推銷的那段日子，實在沒有那個餘裕為了二十澳元的佣金，拜訪一家商店五、六趟。二十澳元還要扣掉油錢與停車費，幾乎無法打平。

後來我自行創業做電信經紀商，推銷的佣金也只有幾百澳元。我們的推銷員要是一天約見客戶四、五次，要約五次才能成交，假設他們的成交率極高，每見兩個潛在客戶就能成交一個，那一週的佣金收入就是五百澳元，這還是最樂觀的狀況。

我有個推銷員叫格蘭特，他超會跟客戶拉近距離，客戶都喜歡他。但他卻從來沒在第一次跟客戶見面時成交過。一次也沒有。他一定要一而再、再而三拜訪。等到他好不容易成交，有時金額是很大，卻耗了太久。

我說：「格蘭特，你成交的速度為什麼不能快一點？你明明有能力成交大單。你為什麼要見客戶五次，才能賺到一千澳元的佣金？」

他說：「麥特，我是這樣看的，我平均跟客戶見五次面，能賺到一千澳元佣金，那等於是每次見面賺兩百澳元。金額都一樣，而且我還不會覺得自己太強求。」

「但你難道不想見一次面就賺到一千澳元嗎？而且不用再跟同個客戶見四次面，而是另外約四位客戶，各成交一千澳元。你難道不想拜訪五次，每次能賺一千澳元，而不是兩百澳元？」

他當然希望，但他就是不想當個強求業績的推銷員，唯恐強求會嚇跑客戶。他把每個推銷機會當成玻璃，深怕一不小心就會弄破。

其實他用不著強求。我的推銷劇本，就是專為像他和我這樣的內向者而寫。按照劇本，他應該要說：「好，我現在要確認您符合資格。您有ABN嗎？太好了。能不能麻煩您找一下？太好了。」

很少人會把ABN號碼放在身邊，所以通常要從椅子上站起來，走到別人的辦公室，拿到號碼再回來。通常只要輕輕推他們一把，就能促使他們做決定。等到他們回來，我（或按照劇本演出的人）就已經在填寫文件，啟動成交的流程。

這是牛頓第一運動定律，亦即物體不受外力時，靜者恆靜、動者恆動的社會版。潛在客戶從椅子上站起來，就啟動了交易。交易一旦啟動，就很容易繼續運作，不太有堅持己見或喊停的空間。

這招有用。我電信經紀公司的每個員工都採用（根據規定，你在我的推銷團隊工作，就得牢記我設計的劇本。我知道這個劇本有用，而且無論對象、個性，只要按照劇本演出，都能有穩定的業績）。可是，為何格蘭特要成交如此困難？

因為每次到了要ABN號碼的時間……他就不動了。我問他為什麼覺得這樣太強求，他說：「就是……我怕把客戶嚇跑。我覺得跟他們要ABN，感覺假假的，我覺得他們也看得出來。」

「好，格蘭特，我看這樣吧。首先，你不要把推銷當成玻璃，應該當成石頭。業績沒那麼容易碎。第二，你每個客戶都花那麼多時間經營，所以任何時候，你的口袋裡都只有少少幾個客戶。你每個客戶都不想失去，因為失去一個就可能損失一大筆佣金。第三，你要遵守一個新規矩。客戶要是不簽字，你也不能再去找他推銷，**而且**你跟現在的每一位潛在客戶，都只能再見一次面。」

他說：「什麼？你說什麼？」

「他們當天不簽字，你也不能再回去找他們。就算他們隔天打電話來，說改變了心意，你現在推銷什麼他們都會買，你也不能再回去。」

格蘭特說：「麥特，那我會賺不到錢。我辦不到。」

我們先暫停一下，談談一個最基本的觀念，當你在運用這些技巧時必須牢記：你得願意承擔風險，願意接受情況先惡化再好轉。你按照現在的方法做事，也許效果有限，但至少你覺得很自在，而且還算是都有效果，對吧？

一改變方法，你就會覺得不知道自己在幹嘛，或覺得不自在。就像從自動駕駛換成手動駕駛的時候一樣。你遲早能駕馭，但會有一陣子卡卡的。學滑雪就有點不自在（站在兩根方向老是不一樣的棍子上，還會從斜坡上猛地往下滑……我光是用寫的，就覺得超誇張），但我一學會就愛上了。除非有所改變，否則不可能進步。

我說：「格蘭特，你要信任我。這樣才會賺錢，不會害你賺不到錢。我的意思是說，這些客戶都喜歡你，但要嘛就是跟你買，要嘛就是跟別人買。而且我們要面對現實，人家上班是要工作的，不是跟你交朋友的。」

「我看啊，我們就用一週來實驗好了。你願不願意試一週就好？說不定你的業績會跟其他人一樣好，甚至遠遠超過其他人。」

他點頭。

「格蘭特，你不見得得更強勢。我不確定你會有什麼變化，也許你會比較不在意，覺得不會成交，反正大多數的潛在客戶，第一次跟你見面都不會簽字。而你不著急，也許潛在客戶會覺得你的態度比較從容。」

「但另一方面，如果你知道自己只有一次把事做好的機會，可能會更仔細研究客戶究竟需要什麼，也會確認我們有哪些特色與好處符合客戶的需求。我不知道結果。但有一點我很有把握：你要是還得強求才能成交，那你的方法根本不對。」

我們練習推銷團隊的劇本，直到他熟練「我要確認您符合資格」的部分。之後他到外面去，幾乎每一位新客戶只要見一次面，就能成交。他又打電話給幾個較大的潛在客戶，問能不能再向他們重新介紹一次。他把每一次都當成全新的推銷機會。結果轟地一聲……一舉賺到一萬澳元的佣金！格蘭特那個月的佣金，比其他推銷員都多，而且連續六個月蟬聯業績王。

推銷團隊採用我這樣的系統時，如果有一位成員的業績格外出色，就要弄清楚業績好的原因，想辦法複製。要是跟格蘭特一樣業績平平，也要找出問題，努力解決。

格蘭特只改變了一個地方，就從業績墊底晉升到業績第一。無論他推銷的對象是只用一種門號方案的小店家，還是使用二、三十種門號方案的執行長，專案是簡單或複雜都無所謂。他會把從見面到簽字的所有事宜，全部安排在同一天。

（不只有格蘭特才有這種本事。我有些客戶只與潛在客戶接觸一次，就能賣出一萬澳元的課程，或是兩萬五千澳元的產品。我指導過的自營服務業專業人員推銷的最高業績紀錄，目前是七萬五千澳元，他意外接到一位從未見過的客戶來電，三十分鐘就談好了。而且他還成交不只一次。）

想辦法，而不是找藉口

我說這些，並不是叫你別追蹤潛在客戶。你不需要像我幫格蘭特定規矩那樣，也給自己定規矩（但那實驗確實促成了他往後的成功），我只希望你能明白，一通電話就賣掉五位數金額的產品與服務，不但有可能，也很正常。而且你要是沒在第一次接觸時搞定，那也許還沒等到下一次機會，業績就被別人做走了。

你不能用「你的產業、產品或市場不一樣」這種藉口。我只跟第一資本接觸過一次，就拿到了「小型企業節」五位數的贊助。有一次，我還替一個全國認證的訓練課程，招募到超過一百名學員。要處理很多文件沒錯，但我跟他們見面一次，就能從「這個人是誰？」進展到「好，我們整個團隊都報名這個課程」。

提到文書作業，也不要讓它變成一種藉口。我在推銷門號方案的時候，有次碰巧走進一間加油站，店主的辦公室……正好也是他另外四十間加油站的辦公室。最後他替全部的加油站都辦了門號，他說：「好，你把表格填好，再帶過來。」

我回答：「您有桌子嗎？我現在就可以寫好。」

他一時有些驚訝，但還是說：「你用餐廳的桌子好了。」

「太好了！」

我坐在加油站的餐廳，花了三小時填完四十間加油站的表格。完成之後，我走進他的辦公室，我們拿這件事說笑了一回，我就成交了我在奧茲康最大的一筆單。要是我帶著表格離去，他有可能改變心意，但他看到我辛苦填完這麼多表格……除了說「成交！」還能怎樣？

也許你還沒找到一次見面就成交的方法，但這並不代表這種方法不存在。再說一次，不需要更強勢，也用不著緊迫盯人，做自己就好。你只需要不斷嘗試，直到找到適合自己的方法。要對流程有信心，先假設已經成交，業績自然會來。

但業績要是不來怎麼辦？

第九章

精進流程的方法

流程，是隨時間不斷優化的模式，
而每次推銷，都是升級系統的機會。
想持續進化，一次只需做一件事。

真正該敬畏的競爭對手，是那些從來不在意你，只是一再精進自家企業的人。

——亨利・福特（Henry Ford）

很多人都以為是亨利・福特發明了汽車。汽車當然不是他發明的。他創辦福特汽車公司（Ford Motor Company）的時候，汽車已經問世將近二十年。他的聰明才智，是展現在他的生產線。

但他也沒有發明生產線。是英格蘭掀起工業革命的力量，將一項產品分解成幾個零件，每個零件由一個人專門製作（而不是像中世紀的鐵匠、木匠一樣製造整個產品）。

有些史學家認為，威尼斯軍械庫（Venetian Arsenal）可能是史上第一個工業規模的「生產線」，僅僅一天……在一一〇四年的威尼斯，就能生產一整艘軍艦。各位朋友要知道，這可是比第一台福特T型車上市的時間早了將近八**世紀**。

那亨利・福特為什麼是世人眼中史上最偉大的商人與企業家？他如何打敗其他數十家、甚至數百家的汽車公司，成就巨擘的霸業？為什麼他至今仍是近代史上十大富豪之一？

他的祕訣是什麼？他永遠都在精進他的流程，從未停歇。

他不斷調整生產過程的各方面，把這個縮短三十秒，那個減少兩分鐘。他所做的一切，都是為了追求效率，拆開重組也是為了提升效率。每一秒甚至每一個動作都講究精確。

我的父親是嘉實多（Castrol）的業務人員，曾在福特的工廠工作。就算是在二〇〇〇年代初期，福特也不厭其煩地訓練生產線上的員工，要從桶子拿出每項工作所需精確數量的螺栓，這樣就不必浪費寶貴的幾秒鐘，再從桶裡拿螺栓。

如果讓大多數的推銷員，用推銷的方式生產汽車，那他們會說：「好，我們把這些機器全都放在一個地方，能放哪就放哪，看看要怎麼生產每一部車。」

他們跟客戶見面，拿起電話，參加社交活動，覺得自己可以隨機應變。他們也許會拼湊出大雜燴般的流程，對他們來說管用，能產生的業績剛好夠他們撐下去。面對這種情況，他們的態度是：「我頂多只能做到這樣，這個流程只要沒什麼問題，就不需要修理。」

福特要是用這種態度經營事業，那我們大概不會聽見他的名號。他只會出現在汽車業紀錄的註腳裡。但他重視流程與效率，甚至讓人覺得到了癡迷的地步，所以才能不斷精進。

做出一些改變，你就會大有進步，而不是稍有進步。對我來說，重大的改變是認清推銷流程的本質：即一條大型生產線。知道該如何用故事推銷，如何把特色轉化成有形的好處，問該問的問題，了解該如何假設已經成交——這些實戰技巧讓我得以超越其他推銷員，榮登全公司的業績王。我從推銷五十次能成交一次，逐漸進步到二十次成交一次，十次成交一次，然後是五次成交一次。我發現問哪些問題比較有用，故事要怎麼表達最生動，尤其要強調產品好在哪裡，又能如何解決客戶的問題。這樣一來，我逐步提高成交率，變成每四次成交一次，每三次成交一次……有時候甚至十次能成交九次。

我在這本書介紹的基本功，全都不是我的心血結晶。先前說過，這些都是我在十八歲那年，看YouTube影片吸收來的。其中每一項，你在坊間許多談推銷的書籍都可能看到。那些不斷精進的觀念，也不是我發明的，我只是發現這些適合內向者。

你讀完之後，要是能運用書中知識，爭取到更多客戶，那就太好了。代表你沒有浪費時間。但要是解決了問題就停下腳步，那你就只掌握了一小部分的好處。我相信你不只想學推銷，還想學不斷精進的訣竅。

適時評估自己

你的推銷系統應該要持續演進，不斷精進，這也應該是你企業的重心。哪天你忽視推銷系統，那天你就會故態復萌。

精進推銷流程的第一步：流程一定要拿來用。我的推銷員要是業績下滑，我問的第一個問題就是：「你有沒有按照劇本走？」

「喔，有啊，當然有！」

「太好了！那你跟我演一遍。」

他們立刻會賞我一個「**唉，拜託！**」的表情，但還是會做。結果難免會發現有些地方亂掉了，有些遺漏了，有些又太簡略了。

我說：「好，晚上在家裡背劇本。明天要照著劇本上的台詞跟客戶說。」

他們牢記台詞的一字一句，業績便恢復正常。他們面臨的情勢其實沒有變，只是先前沒能將系統發揮到最好。

你也要做一樣的事情。每次掛上電話，回到車上或回到櫃台後面，都要停下來想想推銷的經過。不要等到一天或一週的結尾才思考，因為拖得越久，你會遺漏越多推銷過程的細節，所以要趁著記憶猶新時趕快分析。

首先，不要替自己沒能成交找藉口：

- 「他們反正就是不會買。」
- 「我還沒開口，他們就已經有想法了。」
- 「他們不是我的理想客戶。」
- 「他們製造的麻煩，大概會比給我的好處還多。」
- 「我只是今天狀態不好。」
- 「每年這個時候都是淡季。」
- 「一下雨大家就不會買。」
- 「他們大概買不起。」
- 我自己最喜歡的：「今天就是運氣不好。」

你的藉口也許是對的，你也不可能每次出擊都成交，但你永遠可以提高成功率。推銷系統越出色，其他因素就越不重要。

拿外部因素當藉口，你就永遠不可能進步。把問題歸咎於外部因素，等於放棄控制權，也等於認為結果注定會發生，而你對此無能為力。你潛意識認定自己無力改變現狀。

然而，我也不希望你太執著於任何一筆業績。即使沒能成交，也不要太自責，覺得自己不配當推銷員。無論是找藉口還是太執著，都無法客觀評估推銷的過程。

你應該問自己：

1. 我有沒有按照劇本演出？
2. 我有哪些地方應該可以做得更好？
3. 我該改變哪些地方？

要讓沒能做成的業績，成為指引你改進的明燈。

一次改變一項

在真正的科學實驗中，科學家（無論是化學家、心理學家、統計學家，還是其他科學家）一次只會改變一項變數，否則就不可能確認是哪一項變數造成了結果。醫師開給你五種不同的藥，你怎麼知道是哪一種治好你的病？如果你吃五種不同的藥，結果過敏，那你又怎麼知道是哪一種引發過敏？

要是你的業績越來越好，你大概會覺得很興奮，但也會發現還有很多地方可以調整，可以改善。你會想改變很多東西，但如果沒有判斷基準，每次又改變不只一項變數，你就永遠無法得知是你、還是流程進步了多少。

你剛發展出推銷流程的時候，一切都是新的。你在實踐之路上，剛開始做出的改變應該都是重大的變革：用故事繞過客戶的反對意見，並了解建立信譽的方法。

久而久之，你的推銷流程日漸完備，後續的改變也多半是微幅調整：為了發掘客戶的痛點，調整新提問的措辭，或調整說某個故事的方法。要是遇到瓶頸，就回到基本流程，重新設定基準，繼續追求完美的境界。

第十章

內向者的現實優勢

內向不是阻力，而是資源。
了解自己，才有力量發揮特質，
看看內向者的現身說法就知道。

別在意簾幕後面的人。

——《綠野仙蹤》

我雖有光敏感的毛病，但還是能成為得獎部落客，為此我很自豪。但讓我寫一篇一千五百字的好文章，是既費時又痛苦。

我知道我想把自己為內向者設計的推銷系統，與更多人分享。這就需要寫一本書。但一想到要寫幾萬字，要來回編輯，還要一遍遍檢閱書稿，我就苦惱了好幾年。

直到解決方案突然降臨。

我可以告訴你來龍去脈，但坦白說，反正德瑞克都代筆了，還是由他來說吧。

企業過往的鬼魂

從幕後走到台前，感覺好奇怪。

不過替馬修代筆，從他的觀點寫我自己，也很奇怪。寫馬修其他客戶的故事很容易，因為我自己並沒有投入感情。這些只是我從未見過，或偶然見過的人的故事。

但要寫我自己的故事，就很難不帶感情。連下筆寫這個故事時，我都是眼眶泛著淚，差點奪眶而出。

我先跟你說說，我拿起電話打給馬修之前，生活是什麼模樣：憂鬱、驚慌、不知所措。我已經一年多沒接到代筆的案子，其他的案子已經做完了。少少的積蓄消耗得很快，放眼望去也沒有新機會。

說我前途黯淡，都算是輕描淡寫了。

我大半的婚後歲月，無論是讀研究所期間，還是（在妻子的鼓勵之下）辭職自行開業之後，妻子都是家中的經濟支柱。

我耕耘了一段時間，也小有成績。妻子後來進了研究所進修，又接受臨床訓練，生了我們的第二個孩子之後開始休產假。這段期間，全家都依靠我的收入，為此我也很得意。不過幸好後來她回去工作了，因為當時我的事業跌落谷底。

我一年多都沒能找到新客戶。幸好有一位委託我寫作的作者，將案子延長超過一年。但這個案子結束後，我眼看存款越來越少，卡債越來越多，工作機會卻掛零。再加上妻子懷孕與生產不順，累積了幾萬美元的醫藥費（她讀研究所時買的保險很爛），我簡直嚇瘋了。

我已經跟自己證明我做得到，能夠獨力養家一年半。但為什麼現在都找不到客戶？我做錯什麼了？這是上帝的旨意嗎？難道先前只是走運，現在該回歸人間，找一份正經工作？我的夢想難道正在崩塌？

我跟一群代筆寫手成立了智囊團體，每月都會聚會一次，坦白說，我感覺自己像個騙子，不過同僚都幫我想辦法。其中一位夥伴建議我找企業教練，以代筆寫作換取指導。就在那天，我碰巧看到別人分享的一篇探討利基行銷的 LinkedIn 文章。

我心想，**最符合利基市場的莫過於商業代筆寫作**，於是我點選連結，閱讀文章。結果一看就覺得很有道理，也感覺作者言之有物。我從他的個人簡介找到一個網站，說是網站，其實只是一個「即將推出，敬請期待」的網頁。我找到有聯絡資料的網頁，發了一封郵件，心想這位先生大概不會理我。

大約二十分鐘後，我的電話響了。

我大致描述了我的問題，但馬修竟然能一語道破我現在的事業狀態問題在哪，以及我為了解決問題付出了什麼。他說得太準了，準到我有點害怕。

我一聽就知道這人能幫我，也知道這人絕對不是我聘得起的。於是我提出以寫作交換指導，想探探他的口氣。

他笑著說：「我正打算找寫手幫忙，寫我跟同事想寫的電子書。」我跟他都有點防備（也能看出對方的防備），但還是同意以專案方式合作。

我忘了在寫這段文字之前，有沒有告訴過馬修，但我同意合作（雖然是我率先提出想合作）的唯一原因，是因為我已經沒什麼可失去的，而這是我最後一根救命稻草。我不喜歡「做推銷還有做行銷的」，總覺得這些人只想到自己，滿口天花亂墜。馬修相信神經語言程式學，這我也不太能接受，總覺得那是偽科學，說穿了就是在操弄別人。此外還有個重要的理由，那就是我討厭交換服務。我相信自由市場資本主義，如果要交換服務，那你還是去找公社吧。我跟電力公司一樣，只收現金。

但我還是滿臉微笑，到廚房跟妻子說我的新工作。幾年後她才坦言，當時她也覺得我是在抓最後一根救命稻草。但我真的已經窮盡所有辦法，從回去寫文案到重新設計網站，甚至還考慮回去上班，但全都沒用。我們已經山窮水盡，沒意外的話，最後只能放下自尊，求我以前的老闆讓我回去上班。

接下來幾星期，我一邊寫電子書，一邊接受馬修指導。我最大的領悟，就是我沒有在推銷。完全沒有。我喜歡行銷，所以行銷做得很好。但推銷完全是另一回事。我是內向者（我是說，我是自營作業的服務業人員，整天忙著寫書，一年只跟少數幾個人合作。我是標準的內向專業人士。）我以前的方法，是把吃力的事情全都交給行銷，以為這樣自然而然就能把生意推銷出去。

馬修一談到推銷劇本，我就想逃。我不想當一個死死背好台詞的電話推銷機器人。不過，我自己的辦法卻不怎麼有效。

不久之後，我開始向客戶推銷。對於馬修幫我打造的推銷流程（你可以稱之為精簡版的內向者優勢），我其實不是很有信心，但還是按部就班照做。三十分鐘後，客戶願意簽約了。

我掛上電話，坐在那裡，驚呆了。**這樣就成交了？我三十分鐘就拿到了一本書？真的假的？**

接下來的兩週半，我賣出價值八萬美元的代筆與編輯工作。六個月過去了，我的業績比前面三年**加起來**還多。

我可以細數後面三年的變化，但在此簡略介紹就好：

- 我們的經濟情況從窘迫，變為無債一身輕又寬裕。
- 我們本來住在較為老舊的社區裡，是一間（可愛的）小屋，我的辦公室設在車庫。後來換了一間漂亮的新家，我至今仍然不敢相信這是我們的家。
- 我們幫孩子們設立了信託基金，作為他們日後的教育基金。無論往後是否有獎學金，只要他們年滿十八歲，我們都能提供他們在公立大學攻讀學士所需的費用。
- 我現在有退休基金的投資帳戶，妻子除了雇主提供的退休金帳戶之外，我們替她額外又設置了一個。我們現在投入的金額不大，但只要繼續投入，即使不做別的投資，退休以後不但有幾百萬美元的退休金，光憑利息就能過上寬裕的日子，還能將本金留給子孫。
- 我到蘇黎世出差。
- 我帶著妻子去倫敦與巴黎。
- 我們把這本書交給出版社之前的那個週末，我接到一個代筆的案子，金額高到我一年都不需要再找別的客戶。

在接到馬修的電話之前，如果你告訴我，這些描述會是我未來三年人生的寫照，我會請你告訴我你在抽什麼，一定是好貨。

真的假的？我至少用了兩年，才終於認為這是正常的。我活在恐懼中太久，不知道恐懼以外的滋味。我一直在等有人開車到我家門口，對我說：「德瑞克，聽我說，這只是一場社會實驗。你玩得很開心，但研究現在結束了。你該回到現實世界。你有二十四小時可以搬家。」

不過到目前為止，這都還沒發生。

我能擁有這一切，全是因為馬修告訴我如何運用內向者的優勢，我不再不敢推銷，還打造了適合自己的基本推銷流程。這個流程符合我經營的方式，而不是強迫我違逆本性。

現在我走出戶外，天空看起來截然不同，空氣的氣味也不再相同了。我發現我的人生，還有我的世界都變了。但我周遭的一切都沒變，變的人是我。

我後來怎麼做的

我究竟做了什麼，才能不到三週就賣出八萬美元的服務？

每一種推播式行銷（outbound marketing）我都試過：陌生開發、電郵、直郵廣告、透過LinkedIn建立人脈、親自建立人脈，諸如此類。但這些方法都爭取不到代筆的案子。我賺來的每一塊錢，都是別人找到我，主要是透過我的網站。

接受馬修指導之前，我要是收到電子郵件，回信時就會拚命宣傳。回信會有滿滿的資訊，加上五或七個檔案，只為了提供更多資訊。我希望潛在客戶全都看完，下決定之後只要拿起電話就好。但馬修告訴我，沒人會因為看了一封郵件，還有幾個ＰＤＦ檔案，就把自己的書（也許是畢生心血）交給別人。我電子郵件寫得長篇大論，只是因為自己想寄，而不是因為潛在客戶想看。

這一次我只是客客氣氣簡短回信，提出幾個能通電話的時間。除了確認時間，我什麼也沒做。

在電話中，我使用了我新打造的推銷流程的主要步驟：

- **建立交情：**我問對方另外兩位可能合作的合著者住在哪裡，也談起各自的口音（南方、英國、澳洲，說著說著就變成在說笑）。
- **問對問題：**我問起他們想寫的書，問了幾個深入的問題，讓他們知道我理解他們的需求。
- **活用故事：**我跟他們說了兩個故事。第一個故事是我合作過的三位作者，他們需要別人的幫忙，才能知道自己想寫什麼。他們跟我合作，最終調整了整個商業流程。第二個故事是有一位法德雙重國籍的顧問，她的先生坐在沙發上，看到代筆寫的書稿，抬起頭來說道：「哇，這看起來簡直就是妳耶。」

就這樣。要知道關於馬修的方法，我要學的還很多——我沒有議程，沒有確認潛在客戶的資格，也沒有因應反對意見的對策。但即使沒有這些，僅僅是依照基本流程，我仍然搞定了八萬美元的業績。

我們又聊了一會，我都不需要開口要成交。他們問我的費用是多少。我也說了。他們覺得合理，要我把文件寄去。

再下一週，我將同樣的流程進行兩次，又得到另一份代筆工作，還有一個較小規模的編輯工作。只用了三通電話，總計大約三小時，我就改變了人生的方向，無論是職業生涯，還是個人生活皆然。

我現在怎麼做的

我到現在還是不覺得自己很會推銷。只是還不錯而已。

僅僅是還不錯，就足以讓我每年賺進金額不小的六位數收入。我的推銷流程稍微完善了一些，這反映在我銀行帳戶的數字。我越是進步，就推銷得越多。有時候我還會想：**天哪，我推銷的本事越來越強了！**

但我也曾經自信過頭。業績開始下降，大約六個月都很慘澹。那種可怕的絕望感又開始滲入我的骨髓。我以為克服了的恐懼，又重返我的心頭。

我再度向拯救過我的人求救。

馬修的第一個問題是：「你都有按照劇本演出嗎？」

我說：「呃……劇本一直在變……。」

我們重新檢視這個流程，我發現了自己疏忽的地方。兩週後，我拿下一筆交易，用賺到的錢去了一趟瑞士阿爾卑斯山。一個月後，另一筆交易讓我得以前往倫敦。

我回歸基本流程，情況立刻開始好轉。

接下來我會介紹我的流程，但要記住，等到這本書付梓的時候，流程應該還會有些更動。我跟馬修一起寫這一章時，他又給了我的推銷劇本一些建議。我會按照他的建議去做，自己也會調整一些地方。也許會成功，也許會失敗，也許根本沒影響，但我會做一些新嘗試，重點在於：一次改變一項。

我的潛在客戶仍然是來自線上資源，主要是透過自然搜尋（直接上Google搜尋），或觸發每次點擊付費廣告（PPC）的關鍵字搜尋。我做行銷常常把重點放在搜尋引擎最佳化（SEO），但我也出過一本書《商業書寫作聖經》（*The Business Book Bible*，暫譯）、當過幾個播客的來賓，還做過一些零零碎碎、能提升知名度的事情。

但為了強調本書的重點，我還是想說清楚，我不是純粹想爭取更多點閱率，甚至也不是想爭取更多優質點閱率。我能打破僵局，做成八萬美元的案子，靠的並不是一本書，也不是每次點擊付費廣告。說真的，要是沒有像樣的推銷流程，光靠這些工具，只會有更多人詢價，卻不會有更多案子。我其實沒改變什麼，**只是懂得怎麼對已經在我面**

前的人推銷。

我接下來就要告訴你，我與潛在客戶接觸時百分之八十的情況。真的要這樣嗎？把自己的推銷劇本攤開來給全世界看（至少是給讀者看），感覺不太自在。各位或許會覺得這樣公開很不真誠，但只要有助於像我這種內向者追夢成功，那就值得。

我發現跟潛在客戶通電話，只要做好準備、主導局面，就能做最真的自己。我不需要仔細思索問題或意見，而是可以聚焦在當下。我可以更專注在客戶的回應，不必苦苦思索回應。還沒有推銷流程的時候，我跟客戶通電話是完全不做準備的。我只用電子郵件推銷，所以當然是由客戶主導對話。想委託我的作者都還沒弄清楚我能貢獻的價值，就開始談價錢，但其實不需要這麼早談。我竭盡所能回應，但掛上電話之後，老是覺得自己失敗了。自我否定的時候，我還會責怪那些作者不找我代筆：他們沒錢請我，他們不知道自己要什麼，他們擔心我經驗不足，還有一大堆理由，總之都是他們的錯。

這些理由都不對。我有了基本的推銷流程以後，價錢突然就不是問題了，客戶突然很清楚自己要什麼，也突然能賞識我跟他們同等級的作者的合作經驗。

設想與客戶接觸的情況，就不必擔心自己該說什麼，又該如何回應。我已經解決了困難的部分。我不需要擔心自己的表現，也不必刻意去做，就能讓後續的事情自動發生。我有餘裕完全專注在客戶說的話，而不是在他們說完後苦思該怎麼回應。

我百分之八十跟客戶推銷的過程，都是這樣的：

第一步：信任與議程

（接通電話。）

「嗨，我是德瑞克。」

（等待回應。）

「（名字），很高興認識你，謝謝你主動聯絡。你人現在在哪呢？」

（等待回應，然後簡短聊聊，或是說些關於地點的無傷大雅的玩笑。）

「嗯，我跟客戶洽談通常是這樣的。先請你說說你的專業資歷，從你的職業生涯什麼時候開始，到你目前的成績。然後我會大致介紹我合作的作者的類型，以及我合作的專案類型。接著要請你說說你對於自己書的構想，還有目前的進度。我會再跟你大致介紹我的五步驟流程，我做每個案子都是按照這個流程。接下來再談談我的服務方案，還有每個方案的費用。你覺得這樣好不好？」

（等待回應。）

「太好了。那現在就請你發言。跟我說說（客戶的全名）。」

（仔細聽客戶的專業資歷，如有必要就笑一笑，說幾句。）

「謝謝你告訴我這些，讓我了解你的資歷。我也簡短介紹我自己，我幾乎只和像你這樣的商界思想領袖合作。我跟來自五大洲的作者都合作過，包括土耳其的經濟學家、德州的石油大亨、資訊科技新創公司的富豪、巴西聯邦法官，還有卡津上校。」

「我的作者曾與國際貨幣基金、戴姆勒－克萊斯勒（DaimlerChrysler）、思愛普（SAP）、迪士尼、美國海軍陸戰隊，甚至紅十字會合作。我跟這些類型的作者合作了幾年，覺得很無力，竟然沒有一本好書能指導我寫這些類型的書，所以我自己寫了一本，探討如何寫商業思惟領導力的書，書名是《商業書寫作聖經》，在幾年前出版了。」

「跟我合作的作者，通常在業界都累積了十至二十年資歷，自行創業也有至少五至十年。當然了，誰都希望寫出暢銷書，但對於我合作過的作者來說，暢銷只是次要目標。他們寫書主要的目的，是想要一個宣傳的平台，想透過這本書宣傳自己的專業、爭取演說機會，或是宣傳他們其他的產品與服務。」

「所以呢，你正是我經常合作的作者類型。如果你來找我是想說：『德瑞克，我想寫一本回憶錄，或是吸血鬼色情文學。』那我會對你說：『抱歉，那不是我的專長。』但如果你想寫的題材是商業思惟領導力？那可是我每天經營的主題。」

如果客戶先前只談到自己的專業資歷，那就說：「我們來談談你要寫的書。」

如果客戶先說自己的專業資歷，話題又繞到對於新書的構想，那就說：「我們談到了你想寫的書，不過……」接著進入第二步。

第二步：問深入的問題

要依據客戶先前提供的資訊或是透露的顧慮，問該問的問題。

（馬修對我的指導不只是推銷，也包括行銷。我的作者的顧慮都很類似，所以我在推銷的過程中，可以間接化解這些顧慮。我不需要問太多深入的問題，因為他們的痛點幾乎都一樣。）

「請你想想看：快轉到一年後。我們已經完成了你想寫的書的書稿。出書該做的，我們也都做了。新書就握在你手裡。你會如何運用新書？」

「你想寫書想了多久？一年？兩年？十年？」

「你想走傳統的出版路線，還是自行出版？你決定了嗎？」

第三步：確認資格

「你有合作伙伴或共同作者，還是要自己一個人寫這本書？」

（如果要與人合寫）：「好，太好了，我做過不少有多位作者的案子。會稍微複雜一些，但也不用擔心。我們什麼時候跟他們見面談談要怎麼寫這本書？」

（如果是自己寫）：「好，太好了。那會需要別人審核嗎？這本書完成之後，需要經過投資人還是誰的最終審核嗎？還是完全不需要？」

第四步：用故事推銷

「我接觸過的作者當中，從來沒有一位完全知道自己要寫什麼題材，想寫的架構，第一章要寫什麼，第二章要寫什麼。他們通常只知道自己要寫書。這些作者來找我，不是因為他們需要能寫出完整句子的人，而是因為他們需要有人將他們多年來的想法與經驗，寫成有人想看的文字。所以，你找我是對的。」

（等待回應。）

「聽我說，我花了一點時間，才明白這個道理。這些年下來，我也改變了跟作者合作的方法。我現在會先弄清楚，作者想寫的究竟是一本怎樣的書。」

「我來說說我有五個步驟，能把你腦袋裡的內容挖掘出來，寫成書稿。我先簡單說一下這五個步驟，再逐個詳細解釋。」

「這五個步驟是發現、藍圖、科學怪人初稿、編輯，以及潤色。」

「在發現的階段，我會先飛到你所在的城市，進行三天的作者靜修。我們要關在飯店套房或辦公室裡腦力激盪。你要告訴我你在這十年、二十年做過的所有事情，包括你的想法、經歷、故事、專業，只要跟你要寫的這本書有點相關，都請你告訴我。我會一一錄下，寄給我在堪薩斯州的轉錄員。我們再安排兩個禮拜的後續追蹤，談談你想起來的其他事情。到最後就會累積一大堆原始材料，可以開始想想你的這本書要寫什麼。」

「第二步是打造藍圖。我會將所有的對話內容分類篩選，找出我們要寫的這本書的主題。我們要一起思考：『有個人是這本書的一號讀者，他的問題是什麼，這本書要如何解決這個問題。第一章要寫這些：內容、故事、範例、引言，還有其他東西。第二章要寫那些，第三章要寫那些。』這樣一來，一本書的大綱就有了。」

「第三步是由我代筆寫作第一章，再寄給你，你看過之後，我們再通電話，你告訴我你喜歡什麼，不喜歡什麼，哪些看起來像你，哪些又不像，你又想到哪些新構想，還有我們接下來該怎麼做。我吸收完這些資訊，再代筆寫第二章。我再寄給你，你再看，我們再重複一次。這樣一章走過一章，就會越來越清楚你想寫一本怎樣的書。我們可以一邊寫，一邊打造。」

「這時我們會得到一份科學怪人初稿。叫這個名字，是因為寫一本書不像畫蒙娜麗莎，比較像是將幾十個身體部位縫在一起，做成栩栩如生的科學怪人。雖然不好看，但還是活生生的。」

「第四步要回到一開始，我要依據你的意見、對這本書的願景，還有我們想出的新構想，重寫整部書稿。有點像是在我們都還不知道要寫什麼，就得寫這本書的時候。」

「然後我把寫好的書稿拿給你看。你再拿給幾個願意跟你說實話的人看，例如你的另一半還有事業伙伴，然後我們再一起討論。你會說：『德瑞克，這個地方我們要修改。』我會說：『（名字），我們用全新的眼光重看稿子之後，我覺得有些地方要調整。』」

「我會將書稿再編輯一次，不但該更動的地方要更動，每個句子、每個段落也都要流暢、緊湊。完成之後我再接連拿給兩位校對看，然後，兄弟啊，書稿就完工了。」

「我會跟你分析找傳統出版社，還有自行出版的優缺點，但無論怎麼選，你都會拿到業界水準的書稿。」

「好，我剛才嘩啦啦講了一堆資訊給你聽，現在我想問你：剛才說的這四個步驟，有沒有不清楚的地方？」

（等待對方回應，對方一定會回答類似「沒有，都很清楚」之類的話。）

「我這些方法的好處，是每一個步驟都能讓你更加知道，自己想寫一本怎樣的書。你越是清楚，就越能告訴我你想要什麼，我也越能寫出符合你想法的書。」

「我跟你說，我身為職業代筆寫手，得到最大的讚賞是什麼。我以前跟一位顧問合作，她不肯讓她的先生看初稿。我覺得多少是因為她想自己思考，也有部分原因是存心氣他。後來她好不容易願意讓他看快要完成的草稿。她把稿子印出來，她先生坐在沙發上看。幾小時後，她去廚房時經過客廳，她先生抬起頭來對她說：『天哪……這寫的簡直就是妳嘛』。」

「我聽了就知道我成功了：連她先生都覺得那本書說的就是她。這是職業代筆寫手所能聽到的最大讚賞。」

（等待回應。）

第五步與第六步：試探性的結尾，以及因應反對意見

（我在推銷的過程中，通常要等到報價，以及詢問客戶的預算之後，才會聽見客戶的反對意見。）

「好，最重要的問題當然是『費用是多少？』，我先說說我提供的幾種方案，從最詳盡的開始介紹。」

（介紹三種等級的服務：全套式、核心服務，以及指導，還有每一種的固定費用，從最昂貴的開始介紹。是，這三套方案也是馬修幫我設計的。）

「我知道，寫一本談商業思惟領導力的書，當然是為了行銷。你的投資要花在刀口上。你打算下多少預算在這本書？」

（等待回應。）

（倘若發現對方談價格有些遲疑）：「你需要時間想一想，這個我完全了解。寫書要投入不少時間與金錢。但我還是跟你講一則短短的故事，請你想一想。」

「我以前有個理財顧問。他想找我寫一本書，要談的不只是如何理財，還有如何留下能長久的遺產。這本書本身就是他留給子女的遺產。」

「但他整天忙著打理其他人的投資，實在抽不出時間與金錢寫書。」

「兩年後他回來找我，他說：『德瑞克，我寫書的念頭始終揮之不去。我一定要寫這本書。』他開了支票，我們簽了合約，這才開始作業。要是早在兩年前，他知道自己很想寫這本書的時候就開始，那我們早就完成了。」

（也可以如此回應）：「我看這樣好了：我先起草一份合約，再寄給你過目。我們下週再約時間談談。這樣好不好？」

「太好了。（名字），聽我說，我代筆寫作已經很多年了，知道跟客戶洽談，有兩件事情最重要。第一是我讓作者笑。第二是作者讓我笑。兩個陌生人講電話，若是彼此都會笑，未來應該也能相處愉快。合作關係越好，做出來的書也會越好。」

（等待回應。）

「好。很高興能跟你討論，期待能再詳談。」

我說真的。我就只做了這些。一年就賺進六位數。而且年年如此。

何必那麼麻煩？

你可能覺得德瑞克的劇本很長。也許你在想，要設計出這套劇本就夠累人了，更何況還要記住。我跟波勒學院的團隊打趣道，有人背下一整套莎士比亞的劇作，一年才賺兩萬美元。但記住我的劇本，一年就可以賺進二十萬美元。

直到現在，我還是會按照劇本演出。我在曼谷的伊萊克斯副總裁高峰會演說之後，我的劇本就受到了考驗。返家的旅程足足有三十小時，我在週四的深夜終於回到家……而我已經約好隔天要跟十二位潛在客戶聯繫。演說的機會是臨時的，如果要跟十二位客戶改約時間，會是天大的惡夢。於是我強忍嚴重的時差，在難以集中注意力的狀況下，還是一一與客戶聯繫。我一次又一次逐字按照劇本演出，只是活力略有（應該說嚴重）衰退，最後成交的數量跟往常一樣多。

要下功夫。寫一套劇本。賺大錢。

第十一章

登峰造極：掌握銷售的精髓

擅長推銷只是起點，不是終點。
真正的優勢在於謹守劇本、持續提升。
這，才是內向者與生俱來的本事。

業績排名前百分之十的專業推銷員，都有一套精心設計的推銷劇本。收入較低的推銷員，也就是排名墊底的百分之八十，見了客戶只是想到什麼就說什麼。

——布萊恩．崔西，《銷售中的心理學》（*The Psychology of Selling*）

因為不會推銷，才去教人推銷。

這是大多數推銷員，對於大多數推銷訓練師的看法。難怪湯瑪斯的老闆請我訓練湯瑪斯和高力國際的三人推銷團隊時，他們臉上會是那種表情：這個吹牛大師八成在硬碰硬的推銷業敗得很慘，才會轉做訓練師，我才不要聽他說。

團隊裡的那位鬥犬還是很有風度，問我上週的感恩節過得如何。

「喔，很好，只是被打斷了。」

他當然要問為何被打斷。

我說：「我星期四晚上很早就上床睡覺，因為隔天一大早有兩場電視台訪問。我們家其他人都熬夜玩耍，笑得很大聲，所以我都沒睡。我早上五點半要到KXAN電視台，七點十五分要到福斯的攝影棚。到了福斯電視台，另一位來賓在五點半的那場訪問也見過我，我們就聊了起來。他問我：『你怎麼有辦法拿到那麼多免費在媒體曝光的機會？我可是花了很多錢，才能上這個節目。』我告訴他，我只是很擅長找到合適的引子，說個好故事給新聞部聽。」

「長話短說，反正他邀請我昨天到他們公司講課，介紹我的職業。結束之後，他們很滿意，又邀請我到他們的大會演說，那可是全美國最大的舞台之一。」

「所以簡單講，我的感恩節有點被打斷了，不過整體來說還是很美好。」我說到這裡就先暫停，因為他們看起來大受震撼。然後我說：「你們說說我剛才做了什麼。」

他們面面相覷，一頭霧水。

我說：「我走進來的時候，看你們表情就知道，沒人想接受推銷訓練。我說了一個可信度很高的真實故事，繞過你們的反對意見，你們就會知道，無論是我或這個訓練，都有神奇的作用，我也保證有。這就開始吧。」

他們其中一位後來對我說，聽完我的故事，他只有一個念頭：**哇喔，這傢伙有真本事耶！**

要是我一開始沒說這則小故事，也許那兩位很強勢的推銷員，還有那一位很上進的內向者，現在每星期都不會有固定的「故事時間」。雖然我與公司高層見面，已經預定了三次訓練課，但我還是需要向這幾位推銷員推銷這套訓練的價值。畢竟訓練的對象要是不相信我，那就很難有效果，而我總是堅持要讓每一位客戶，收穫實質的投資報酬。

我大可以說：「你們的老闆已經付了錢，你們一定要上課，所以還是坐下來好好聽課吧。」這樣對他們沒有幫助。我也可以不管他們的表情，直接開始訓練不想受訓的他們，希望他們改變想法。但我沒有這樣做，而是臨時起意向他們推銷，推銷「成功」之後，再與他們建立交情……那一週只要有潛在客戶問起我的感恩節，我都可以用同個故事回答。

我還安排鬥犬到亞歷斯．莫菲的工作室，幫我錄了個案研究的影片。鬥犬在影片中說，他一開始並不相信我的鬼話，但實績是騙不了人的，要是沒有實績，他也不會出現在鏡頭前。

這似乎跟我們在本書談的所有東西背道而馳，對不對？從準備、練習與「執行程式」，到隨機應變、即興發揮？感覺前言不搭後語。

其實，這只是懂得發揮內向者的優勢。

你的推銷系統一旦正式上路，你就能處理你遇到的百分之八十的推銷情境。這本書你就算只看到這裡，然後把我說的一切拿去實踐，你還是可以有優異的成績，勝過百分之九十的競爭對手，而且根本不需要拚命推銷！你會發現，你自然而然就能說出最重要的故事，然後也會懂得納入新的故事。到最後，你會有能力即興發揮新故事（就像我在高力國際那樣）。

這就像是學騎腳踏車，一開始需要輔助輪，就像本書的範例。然後要學基本的騎行，這就是我在書中提到的七大步驟。等到你練就精湛的騎術，就可以開始做倒立與後輪騎特技，這一章就是要介紹這些。

誰都喜歡選擇

這七大步驟能讓你專注在主要類型的客戶。但次要類型呢？如果你販售兩種截然不同的服務，該如何做？如果你有兩種不同版本的產品，一種是住宅，另一種是商用不動產，該如何做？那你需要不只一種推銷方法……也要懂得選擇適合當下情況的推銷方法。

如果你推銷的是行銷諮詢服務，有一對一，也有團體訓練，該如何做？你提供給客戶的資訊也許很類似，但推銷方法與課程內容完全不同。如果是一對一的諮詢，那你推銷的對象，是花錢讓自己接受一段時間的指導與諮詢的個人客戶。如果是團體訓練，那你推銷的對象，就是替公司員工安排一次活動的人。這兩種在服務內容、直接接觸的程度，以及價格上的差異都很大……你也要做好準備，要能說明差異究竟在哪裡。顯然你需要兩種不同的方法。

我們發現，德瑞克的問題之一，就是只有一種產品，也只能賣給一種類型的客戶：高端代筆服務。當然他有做一些編輯，但他混在推銷過程之中。總而言之，你要是負擔不起他的要價，那他也不知道該拿你怎麼辦。

他會的其實不只是代筆寫作，但他不知該怎麼推銷。我們讓他習慣推銷之後，也幫他新增一些「程式」。若發現潛在客戶負擔不起代筆寫作的費用，他也會知道該怎麼改為推銷教練課程。僅僅兩年，他向六、七位作者提供非代筆服務，收入就接近六位數美元。

如果你只有一套方案，那你等於把自己限制住了。

準備擴大規模

在工廠的生產線上，誰操作機器其實都無所謂。反正都是同樣的原料進去，同樣的產品出來。

是哪天、是誰來上班，其實都無所謂（也應該無所謂）。有人放假或是請病假，也無所謂。只要操作的人按照同樣的流程，生產線上上下下都會發生同樣的事情。

推銷也是一樣，至少可以一樣。

我對於我自己管理、聘用的推銷團隊，並不會要求推銷員自己設計推銷方法。我不會要求他們發揮創意。我不需要外向者，只需要能「執行程式」的人。

現在我幾乎只錄取內向者。內向者沒有必須戒除的壞習慣，他們不打算依賴自身的魅力與談話技巧，因為他們多半覺得自己欠缺這些（實際上當然沒有，他們只是對於推銷太緊張，讓個性被焦慮埋沒）。他們需要一個系統。

內向者的優點：重視細節，所以文書作業很少出錯，面談的筆記也做得很好。只要帶過外向者就知道，外向者的文書作業與筆記，通常是一再出錯的夢魘。內向者是最好的聽眾，天生就會更專注聽客戶真正想表達的意思。

我先前說過，我帶的推銷員要是業績不振，我第一個問題就是：「你有按照劇本演出嗎？」那些人十次有九次都沒按照劇本演出。他們太過自信，某些步驟太馬虎，幾乎是即興發揮，反正就是改了劇本。只要回歸劇本，業績就會恢復正常。

你可能會說：「可是馬修，你不是說要真誠嗎？按照劇本就不真誠了吧？這樣難道不是強迫別人照著為我設計，而不是為他們設計的推銷系統嗎？這不就變成要他們說**我的**笑話，還有**我的**故事嗎？」

首先，你已經證明你的流程適合你鎖定、你吸引的客戶。這是底線。第二，推銷員有一個確實有效的流程可以依循，就能放輕鬆，照著流程走（跟你一樣）。他們不必擔心任何一次的表現，所以可以真誠。第三，他們可以運用全公司的故事，而不是只運用自己的故事。這等於在一開始就有了數十年的經驗，而不是零經驗。

高力國際的三人團隊，並沒有用自己的故事大舉增加與潛在客戶面談的次數，也沒有開始鎖定大客戶。他們找公司的三位高層談，也就是沃尼、道格與馬克。這三位在商用不動產的資歷，加起來共有一百年。三人團隊整理出潛在客戶最常提出的反對意見，給三位創辦人看，然後請創辦人說出一個潛在客戶曾有類似疑問，但後來還是順利成交的故事。後來他們到外面推銷，說的故事就不是「我有一個客戶……」，而變成「我們有一個客戶……」。

但你的團隊什麼時候應該開始自行實驗？我是不會允許他們這樣做。如果你的團隊只有三位推銷員（加上你自己），要是三個人同時都在實驗不同的東西，就幾乎不可能掌握哪些有效，哪些又無效。只有首席推銷員才能嘗試新東西（最好這個首席推銷員永遠都是你）。如果每個人都拿同一個故事取代另一個故事，而且業績有進步，那你就知道這個故事有用。

就像在工廠，你也不會允許作業員隨意重新設計整個系統。整個工廠只有一個系統，一個流程，那就是你的。

這種做法感覺不信任推銷員，不信任所有員工，但其實這才是重視品質管理的做法。如果你負責管理一個推銷團隊，那最終成敗是由你承擔。你手下的推銷員只要另尋出路就好。但你若是企業主或經理人，那就得拿出業績。你想打造的是一個無論誰來操作，都能發揮作用的流程。

我知道這與推銷文化背道而馳，但你總不希望依賴超級巨星、搖滾明星，以及厲害角色。如果說推銷就像工廠生產線，那這些人只是統計學上的異常現象。就算這些異常分子生產出格外優異的產品，也不重要，重點是你的推銷流程並不會因此變得可靠。況且專注在生產線，那麼當一個作業員持續表現優異，就代表生產線上的其他作業員也不差。簡言之，如果一人能做到，那每個人都應該能做到。

如果你手下真的有個超級巨星，也不要因為他沒按照你的流程，就開除他。我剛當上銷售經理的時候，也很高興有這些人貢獻業績，我甚至還將他們的故事與訣竅拿來用，用來打造、改善我的劇本，給整個團隊用。這樣一來，我根本用不著訓練團隊裡的明星。流程的成果很快顯現。明星在某些日子表現耀眼，但整體來說還是內向者略勝一籌。不久之後，明星就會走到我的辦公室，問道：「你教他們的劇本是什麼？」

你把劇本傳授給團隊，會發生兩件事。你手下的超級巨星會前往你的辦公室，要你說說「這個劇本是什麼」，不然就是另找工作。無論他們怎麼做，你都再也不會依賴他們。你已經分散了風險，你的企業也安全了。

別把企業交到別人手裡

大多數的企業主與高層，都討厭推銷。

企業家之所以創業，是因為有構想、有技能，不是因為會推銷。企業高層之所以能步步高昇，是因為有技能。推銷員的佣金收入多半很豐厚，不願意改做領薪水的上班族，免得收入減少。看看《財星》五百大企業的執行長，沒有幾位是做推銷起家的。他們大多數都有專業技能（工程、金融、法律），逐步晉升為營運長或財務長，進而掌舵。

因此，企業高層並不想「做」推銷。大型企業通常是將推銷工作交給銷售部門，指望他們變出錢來。但我看過企業把推銷工作，交給決策者的圈子以外的人或團體，結果發生不小的問題。大企業的高層離客戶太遠，沒能參與重要的對話，也沒能掌握市場變化的初期跡象。公司推銷不利，高層也沒能力解決問題。他們雇用更多推銷員，或是想辦法激勵現有的推銷員。他們砸大錢，希望問題能自動解決。

小型企業更慘。創辦人聘用的第一批員工當中，往往會有一位是推銷員。創辦人想趕快把推銷工作交給別人，自己就能專心做擅長的事。於是他們讓負責推銷的先生（或小姐）出去招攬生意，他們自己則坐在辦公室裡做事。

千萬不要有這種念頭！

這樣做等於是把你的公司，還有你的福祉，交給剛認識的人主宰。他們要是懂得推銷，你就會被他們綁架。他們會要求更高的佣金，而你也只能靠他們才能有營收與客戶。而且按照這個模式，你就成了瓶頸：推銷員能賣多少，完全得看你的產能有多少。

但如果你有一個推銷系統，去聘請有技術的人，訓練他們做得跟你一樣好，就會比較輕鬆。你只要懂得招募、訓練有技術的人，就能在推銷的同時不斷提升產能。你也可以聘用推銷員。公司的發展不會有上限。

我的意思並不是說，你一定要當公司的首席推銷員，公司才不會倒閉。我只是說你要等到熟練了整個流程，才能把推銷的工作交給別人。即使推銷員離開，你也可以先代理，直到找到新人為止。

推銷與行銷雙管齊下

德瑞克在為我宣傳的影片中說道，他到現在還不算很會推銷，他說自己只是「還不錯」（我覺得他太謙虛了）。

他在影片中說：「但我們行銷做得還不錯，推銷也做得還不錯……嗯，我對客戶的收費也翻了一倍。」

即使你跟德瑞克一樣，已經有個不錯的行銷系統，也還是可以運用成功的推銷經驗，提升你的行銷系統。拿我當例子。當我開始研究誰找我諮詢的成效最好，我才發現，原來接受過我諮詢的人當中，有這麼多內向者。我發現他們自認是內向者，就開始向他們行銷迅速成長的概念。我並不是一開始就鎖定內向者客戶，但我發現內向者會受到我的行銷吸引，於是更刻意直接與他們對話。

你找到一個很有效果的故事，當然要用於行銷，對吧？要用在廣告、網站文案、社群媒體、直郵廣告，以及其他別人能發現你的地方。

以故事行銷的效果要看媒體而定，也許不如面對面講述那樣強而有力，但還是比一般方法理想，像是買一送一優惠券，或「安全、迅速、可靠」之類的老套承諾。

你越了解客戶，就越能直接與他們對話，切中他們的情況。德瑞克在推銷過程中，屢屢聽見對方說自己坐在電腦前，打開 Microsoft Word，在頁首打出「第一章」，準備要開始寫書……然後就卡住了。有一位客戶對他說：「感覺就像那麼多年的經驗突然不見了，腦袋跟螢幕一樣一片空白。」常常聽見這種話的德瑞克怎麼做？他開始在自己的網站，還有線上廣告中運用這個故事。

亞歷斯．莫菲常常聽見客戶表達的一種埋怨，是他的企業「幫我們做了一部影片，但這影片對我們來說完全沒用」。我跟他討論過這個問題，他也告訴我為何只有一部影片起不了作用，於是我將他重新包裝成「敘事策略師」。

現在只要有人問他什麼是「敘事策略師」，他就能解釋只有一部影片，甚至只有單獨的影片宣傳，為何起不了作用。影片行銷必須要有跨越時間與媒體的敘事。重點是以多部影片，打造一個精彩故事，所有的影片都有同樣的敘事。潛在客戶聽他這樣說，就會突然明白他絕對不只是另一個拍影片的。

我給了你幾個簡短的例子，讓你知道強大的行銷，可以支援強大的推銷。不過要深入探討這個話題，我最好還是說說我用在每一個潛在客戶身上的劇本。

我說個例子給你聽。

溫蒂是我的客戶，在加州教兒童與成人中文。她的問題之一，是她的私人語言教學很難維持每小時五十至八十美元的收費。因為有太多語言老師從其他州遷入加州，而且不惜把價格殺到最低，一小時只要價三十至五十美元，只為了得到第一批客戶的成功經驗。這個價碼比溫蒂付給自家員工的還少。

此外，我們畢竟生活在全球經濟體，所以她的競爭對手也包括徵才廣告網站「克雷格列表」（Craigslist）上，那些每小時只要十至十五美元的中國人。她現有的客戶不斷流失，也招攬不到新客戶。

她問我：「市場這麼飽和，我只能拿……價格競爭，那我要怎麼競爭？」

我說：「溫蒂，削價競爭是一條通往谷底的漫漫長路，唯一的贏家其實是輸家，因為要賤價提供服務。我覺得還是別讓妳打價格戰比較好。」

我們回顧了溫蒂合作過的眾多客戶，發現有兩位，僅僅兩位，從她這裡得到的好處遠不只語言教學。

她對他們的第一個助益，就是讓他們了解中文裡「關係」的概念。我第一次聽到「關係」，還以為是「銀河」的意思，跟外太空有關，但其實「關係」在中文的意思就是交情。

你看，如果我跟你在美國，或在澳洲老家見面推銷，推銷結束後，（如果我的推銷技巧超爛），我就會問你想不想買我的產品與服務。你說要考慮看看，那我下週就會打電話給你。你如果還說要考慮，呃，那我們就知道成交的機率很低很低了，對不對？

（稍微停下，讓客戶回應。）

在中國，他們的習慣是先共進晚餐四、五次，才會開始談生意。他們大概還想看你在卡拉ＯＫ喝醉一、兩次。

（等到對方輕笑。）

但原因是：我們西方人談生意，通常是談十二至十四個月的交易，中國人則不同。他們談的是五十至一百年的合約。

我是說，這比很多人的婚姻還有壽命更久。所以對他們來說，了解同床共枕的人，比了解合約的具體條款重要。

她對客戶的第二項助益，是讓他們了解中國與西方世界，在電子商務方面的差異。她對客戶的第三項助益，是讓他們了解尊重的重要性。她告訴客戶，學中文固然重要，但口音要是太濃重，就會顯得不敬，也就很難在中國做生意。中國人當然不會指望他們的口音有多純正，但他們至少也該努力看看。

這就跟中國人給你一張名片一樣。在西方世界，我們在社交場合拿到名片，根本不會去看，只會先放進口袋，繼續聊天。等到回家才會從口袋掏出所有的名片，然後想說「這是誰啊？」但在中國，你拿到名片應該要拿好，要珍惜，要看一看，還要反過來欣賞背面，這才拿出你的名片盒，要幾乎鞠躬，將名片放進名片盒，然後繼續聊天。這一連串的動作稍微有些遺漏，都會顯得不敬。

我是說，我才結束在曼谷的伊萊克斯演說，就親眼見證了這種習慣。現場有超過一百位副總裁，每一位都是掌管數百名、甚至數千名員工，但我每次遞出一張名片，他們接過都會這樣做。

所以溫蒂傳授給這些企業高層這三項重點。我說：「溫蒂，妳對他們的幫助，絕對不只是語言教學。妳覺得妳幫了他們什麼？」

她說：「什麼意思？這些都只是小事。我只是幫點忙而已。」

我說：「不對，溫蒂，妳只看到妳的功能。我們能不能說，這些客戶接受妳指導，往後在中國會更成功？」

她說：「嗯，對，但願如此。」

我說：「太好了，那我們乾脆把妳包裝成『中國通教練』，把妳的產品包裝成『中國通密集課程』怎麼樣？」

這會是為時五週的課程，適合調往中國的企業高層、配偶，以及子女。

這個課程並沒有教中文，畢竟中文教學已經變成了一種商品（溫蒂也同意最好讓其他企業爭搶這個市場）。課程的重心只會放在她傳授給調往中國的企業高層的幾個重點。

你大概在想，為什麼配偶與子女也要上課？這個嘛，畢竟我們都在做生意，能賣給越多人，當然就能賺進越多錢。不過還有另一個原因，想一想：你是調往中國的企業高層。你們全家到了中國，但你的另一半或子女並不開心，那你可能就會常常被叫回家，安撫不開心的家人，事業就很難有發展。全家人一定要能適應環境，這非常重要。

躍躍欲試的溫蒂問我：「那我要向那些企業高層推銷這個課程嗎？」

我說：「其實不用。想一想，誰是妳的客戶？」

她說：「喔，你說得對……企業才是我的客戶。」

我說：「不對，妳的理想客戶已經去別的地方了。妳應該跟他們已經在合作的第三方，也就是移民律師合作比較輕鬆。我剛搬到美國的時候，先要辦簽證，然後要辦綠卡。每次我都找移民律師。」

我說：「移民律師認識的都是妳想合作的對象。他們是妳的理想客戶。」

於是我們去見了幾位移民律師。他們收取兩千至五千美元的費用，幫客戶處理簽證所需的所有文書作業，再跟官僚體系打交道，確保簽證能核准。我們對他們說：「只要成功介紹一位要調往中國的企業高層，就能賺到三千美元的佣金，這樣如何？」

他們說：「我們幫忙辦簽證，扣除成本之後都還賺不到三千美元！不過我應該要跟他們怎麼說？」

我們回答：「只要說『恭喜。你已經拿到簽證，可以到中國工作了。我只是想再確認一下：對於未來在中國的生活，你已經準備好了嗎？』他們要是說：『是啊，你已經幫我們辦好簽證。我們也學了中文，孩子們的中文也很流利呢，房子也整理好了。應該沒什麼問題。』無論他們說什麼，你都要說，『不對，該做的還有很多。我覺得你應該找中國通教練聊聊。』就這樣。」

溫蒂就會跟這些企業高層聯繫上，世上最容易成交的生意上門了。我是說，這些企業高層都嚇壞了。我剛從澳洲搬到美國的時候，也是怕死了。想想要調往一個連語言都不通的地方，心裡會有多害怕。

企業也都嚇壞了。這些高層的成敗，關係到企業數百萬，甚至數十億美元的資金。所以企業當然會竭盡所能，讓高層能適應新環境。

於是溫蒂的五週課程要價三萬美元，扣除付給移民律師的三千美元佣金之後，她靠世上最容易成交的生意，賺進兩萬七千美元，而不是每天苦苦掙扎，為了一小時五十至八十美元奮戰。這就是強而有力且統一的訊息的力量。

至於你，你必須找出自己與眾不同的獨特之處。每個人都有獨特的經驗，獨特的成長背景，獨特的過往客戶，獨特的教育，所以完全有能力提供獨特且極有價值的服務，給特定的群體。

一旦知道誰是你的客戶，就不難打造統一的訊息。

對於溫蒂來說，是關係、電子商務、尊重，更高層次的好處，是能在中國成功。

對我來說，我是企業教練，是打造品牌的專家，是推銷策略師，是社群媒體專家。我是神經語言程式設計的碩士。我有很多身份，卻沒人在乎。但我說我是能創造迅速成長的人，能帶領大小企業迅速成長，這樣的訊息力量夠大，足以讓我在競爭激烈的市場脫穎而出。

這就是推銷與行銷雙管齊下的奇效。

內向者的優勢

你現在了解推銷的流程了……但內向者的優勢究竟是什麼？

你可能已經猜到了，是你的同情心、同理心、理解力、獨特的傾聽能力，也許也包括充分準備的能力。但誰都知道這些特質的好處。很多研究與文學作品，都強調過內向者這些與生俱來的特質，所能帶來的好處。

內向者的優勢，在於能以有系統、有重點的方式，發揮與生俱來的優點。這些能力是原料，而這本書是催化劑。能形成的轉變，是從推銷白癡變身為推銷大師。只要掌握這本書介紹的方法、策略以及流程，就能擁有能讓你成為最強業績王的優勢。

就像美國海軍上將戴維．法拉格特（David Farragut）曾說的，也是我父親常說的一句話：「別鳥魚雷，全速前進！」

致謝

感謝德瑞克給我最大的鼓舞，替我將這個流程付諸文字，做我最合作無間，也是最值得信任的伙伴與朋友，謝謝你為人如此美好。

感謝爸爸督促我精益求精，一直唱反調刺激我思考，鼓勵我檢驗我對世界的看法，鞭策我自行創業，告訴我別鳥魚雷。

感謝媽媽做我的精神支柱，永遠支持鼓勵我，一路堅持不肯放棄，直到找到我殘疾的解方，改變了我的人生。也要感謝妳培養了我的心靈。

感謝Chelsea這位誰都想擁有的姐妹，一路上始終陪伴著我，作我的知己，容忍我這麼多年。

感謝祖母讓全家在每星期四晚上齊聚一堂說些心裡話，也感謝您常常說以我為榮。

感謝Brittany做我最好的朋友，願意陪我走這條路。

感謝Cindy具備其他人沒有的慧眼，督促我把事情做好，她是每個作者都渴求的文學經紀人。

感謝Tim相信這本書應該由AMACOM出品，在這本書還沒問世之前，就看見它的潛力。感謝你相信我有能力完成，是你的付出，最終成品才能遠遠超乎我們想像。

感謝我的客戶與行銷團隊允許我引用你們的故事，與你們合作是我學習、成長的契機。

感謝讀者的信任，願意在這本書與我同行。

馬修・波勒

參考資料與推薦書單

1. Aaker, Jennifer. "Harnessing the Power of Stories." Stanford University, Center for the Advancement of Women's Leadership. Accessed May 19, 2017. https:// womensleadership.stanford.edu/stories.
2. Arnsten, Amy, Carolyn M. Mazure, and Rajita Sinha. "Everyday Stress Can Shut Down the Brain's Chief Command Center." *Scientific American*, April 2012.
3. Cain, Susan. *Quiet: The Power of Introverts in a World That Can't Stop Talking*. London: Penguin Books, 2013.（《安靜，就是力量》，遠流，2019）
4. Cialdini, Robert B. *Influence: The Psychology of Persuasion*. New York: Collins, 2007.（《影響力》，久石文化，2022）
5. Cialdini, Robert. *Pre-suasion: A Revolutionary Way to Influence and Persuade*. New York: Simon & Schuster, 2016.（《鋪梗力》，時報出版，2016）
6. Davis, Robert C. *Shipbuilders of the Venetian Arsenal: Workers and Workplace in the Preindustrial*

City. Baltimore: Johns Hopkins University Press, 2007.

7. Deloitte United States. "Navigating the New Digital Divide." November 7, 2016. Accessed May 19, 2017. https://www2.deloitte.com/us/en/pages/consumerbusiness/articles/navigating-the-new-digital-divide-retail.html.

8. Gallo, Carmine. *The Storyteller's Secret: From TED Speakers to Business Legends, Why Some Ideas Catch On and Others Don't*. New York: St. Martin's Press, 2016.

9. Glenn, Joshua, Rob Walker, Eric Reynolds, Jacob Covey, Kristy Valenti, and Michael Wysong. *Significant Objects: 100 Extraordinary Stories About Ordinary Things*. Seattle, WA: Fantagraphics Books, 2012.

10. Hasson, Uri, Asif A. Ghazanfar, Bruno Galantucci, Simon Garrod, and Christian Keysers. "Brain-to-Brain Coupling: A Mechanism for Creating and Sharing a Social World." *Trends in Cognitive Sciences* 16, no. 2 (2012): 114–121. doi:10.1016/j.tics.2011.12.007.

11. Loo, Robert. "Note on the Relationship Between Trait Anxiety and the Eysenck Personality Questionnaire." *Journal of Clinical Psychology* 35, no. 1 (1979): 110.

12. Mar, Raymond A. "The Neural Bases of Social Cognition and Story Comprehension." *Annual Review of Psychology* 62, no. 1 (2011): 103–134. doi:10.1146/annurev-psych-120709-145406.

13. Schwartz, Barry. *The Paradox of Choice: Why More Is Less*. New York: Harper Collins, 2004.（《選擇的弔詭》，一起來出版，2023）

14. Shapiro, Kenneth J., and Irving E. Alexander. “Extraversion-Introversion, Affiliation, and Anxiety.” *Journal of Personality* 37, no. 3 (1969): 387–406.

15. Sword, Lesley. “The Gifted Introvert.” Gifted and Creative Services Australia, 2000. Accessed May 19, 2017. http://www.giftedservices.com.au.

16. Zak, Paul J. *Trust Factor: The Science of Creating High-Performance Companies*. New York: AMACOM, 2017.（《信任因子》，如果出版，2018）

I型人優勢天地：你的專屬邀請函

我在這本書傳授的，你若都能做到，就會突飛猛進。

但難道不能更上層樓嗎？

不妨加入我和其他想精進推銷能力的專業人士，所組成的內向者優勢天地。這是一個屬於我們內向者的線上群體。

你不但能立刻接觸到許多額外的工具、資源，以及獨家內容，還可以直接聯繫我喔！

很多書籍都會給你額外的資料，但你可曾聽過哪一本書能讓你直通作者本人？這本書就能！

為了感謝你購買本書，特別贈送你「內向者優勢天地」一年份的訂閱，**完全免費！**

加入「I型人優勢天地」能有什麼好處？你可以：

- 藉由直播和錄製的問答環節與我聯繫。
- 得到跟你一樣的內向者企業家、服務業者，以及專業推銷員的回應、支持，以及鼓勵。
- 了解你的同儕如何使用七個步驟，讓業績直線上升。
- 收看你在這本書認識的人物的多部訪談影片，包括蜜雪兒・貝克、約翰・麥金泰爾（John McIntyre）、亞歷斯・莫菲、艾美・盧沛（Amy Looper）。
- 閱讀僅開放內向者優勢天地會員閱讀的額外章節：倘若有人讓你覺得為成功而努力應該感到內疚，那就該看看這些章節。
- 收看僅開放這本書的讀者收看的教學影片。
- 還有很多很多……

這些福利你可以享有一**整年**，因為要感謝你看這本書！

我們在內向者優勢天地等你！

網址：www.theintrovertsedge.com/innercircle

馬修・波勒

一起來　0ZTK0060

I 型優勢

The Introvert's Edge

作　　　者　馬修・波勒 Matthew Pollard
譯　　　者　龐元媛
主　　　編　林子揚
編　　　輯　張展瑜

總　編　輯　陳旭華 steve@bookrep.com.tw
出 版 單 位　一起來出版／遠足文化事業股份有限公司
發　　　行　遠足文化事業股份有限公司（讀書共和國出版集團）
　　　　　　231 新北市新店區民權路 108-2 號 9 樓
　　　　　　02-22181417
法 律 顧 問　華洋法律事務所　蘇文生律師

封 面 設 計　王俐淳
內 頁 排 版　新鑫電腦排版工作室
印　　　製　通南彩色印刷股份有限公司
初 版 一 刷　2025 年 6 月
定　　　價　420 元
I　S　B　N　978-626-7577-47-9（平裝）
　　　　　　978-626-7577-42-4（EPUB）
　　　　　　978-626-7577-43-1（PDF）

國家圖書館出版品預行編目（CIP）資料

I 型優勢 / 馬修・波勒（Matthew Pollard）著 ; 龐元媛 譯 . -- 初版 .
-- 新北市 : 一起來出版 , 遠足文化事業股份有限公司 , 2025.06
256 面 ; 14.8×21 公分 . --（一起來 ; 0ZTK0060）
譯自：The introvert's edge.
ISBN 978-626-7577-47-9（平裝）
1. CST: 銷售 2. CST: 銷售員 3. CST: 內向性格 4. CST: 職場成功法
496.5　　　　114004436